国家自然科学基金面上项目（51978138）

结构建筑学设计研究丛书

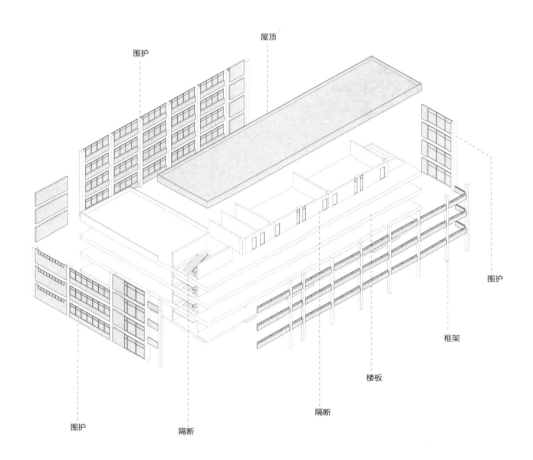

围护

屋顶

围护

框架

楼板

隔断

围护

隔断

中小学校建筑的
结构设计与空间形态

郭屹民　李　萌　朱梦然　著

中国建筑工业出版社

图书在版编目（CIP）数据

中小学校建筑的结构设计与空间形态／郭屹民，李萌，朱梦然著. —北京：中国建筑工业出版社，2022.8
（结构建筑学设计研究丛书）
ISBN 978-7-112-27278-5

Ⅰ. ①中… Ⅱ. ①郭… ②李… ③朱… Ⅲ. ①中小学—教育建筑—结构设计—研究 Ⅳ. ①TU244.2

中国版本图书馆CIP数据核字（2022）第058248号

责任编辑：易　娜
文字编辑：黄习习
书籍设计：锋尚设计
责任校对：张惠雯

国家自然科学基金面上项目（51978138）

结构建筑学设计研究丛书
中小学校建筑的结构设计与空间形态
郭屹民　李　萌　朱梦然　著

＊

中国建筑工业出版社出版、发行（北京海淀三里河路9号）
各地新华书店、建筑书店经销
北京锋尚制版有限公司制版
北京中科印刷有限公司印刷

＊

开本：787毫米×1092毫米　1/16　印张：13¾　字数：260千字
2022年9月第一版　　2022年9月第一次印刷
定价：**49.00**元
ISBN 978-7-112-27278-5
（39085）

前言

　　中小学校的建筑是一类在民用建筑设计中空间构成的类型相对比较固定，却又要反映社会与时代发展的特征，并为青少年健康学习与生活环境提供优质保障的设施。因此，中小学校建筑的设计，需要将通用性、创新性、安全性贯穿于从策划、设计、建造、使用、到维护等所谓的建筑全生命周期过程中。有关中小学校建筑、规划类的相关研究并不在少数，也有相当数量的书籍文献都从不同方面给予了非常丰富而全面的分析与阐述。对于我们而言，如何从一个已经日趋成熟而全面的建筑类型中去发现新的视角的确是一种挑战。我们在结构建筑学的方向上，从结构的安全性与空间的形态融合中所发现的一些线索是这本书所呈现的主要内容，即关联结构性能的空间形态（类型）设计方法。从某种程度上而言，这些内容涵盖了上述从策划到使用及维护（改造）的大部分，同时也包括了新建建筑和既有建筑的改造更新等。我们希望用更为理性和有效率的方式去将学校建筑的安全性与创新性的潜力展现出来。

　　此外，关于本书的内容，还有两点需要说明的。其一是图示的方式在我们看来对于归纳空间类型是易于理解的，因此本书尽量通过图文并茂的方式来阐述。其二，在我们对于中小学校建筑的研究中，有着不少引述自日本中小学校建筑的研究成果与案例。这是因为日本不仅与我国在中小学校的体制方面有着非常类似的系统，同时日本在结构抗震性能方面的要求，对于我国的中小学校而言有着非常重要的借鉴意义。

　　本书的主要内容也是我们在国家自然科学基金面上项目"地震多发地区既有中小学校改造融合抗震性能提升的建筑设计策略"（51978138）研究成果的基础上的整理。徐文焌、孙哲、蔡慧琳、潘岳、曲逸轩、方泽儒、肖强、高晏如、程俊杰等为本书绘制了大量的图表，在此表示衷心的感谢。易娜编辑为本书的出版付出了大量精力与贡献，在此一并致谢！

目录

第3章　垂直向空间与结构设计的融合

第4章　外围护体改造与结构设计的融合

第 1 章

中小学校的建筑与结构

1.1 中小学校的建筑空间

1.1.1 学校建筑的空间类型

学校建筑，特别是中小学学校，由于需要对特定的集体人群的活动进行功能与流线的设置，为了避免使用上的混乱和无序，往往会采用忽略人群中个体需求的方式，换来相对高效和有序的行为模式。这种基于传统单向授课教学模式、从整体控制局部的模式，使得中小学校建筑具有很强的组织关系，并由此形成了一套相对比较固定的空间类型。随着社会的发展和教育水平的提高，重视个体、"因材施教"从个体出发的理念已然成为普遍的教育认知，既有的整体控制局部的单向模式已经无法完全适应新时代教育的需求，面临着个体影响整体的新模式的挑战。即便如此，传统的中小学教学方式的延续，仍然会在很长一段时间内守住学校建筑基本的"底线"，即整体控制下的学校"原型"，但同时又会因为个体化教学，以及社会化教学等来自局部的影响，而呈现出整体与局部之间的博弈、纠结到融合的新局面。

我国的中小学校建筑长期以来由于受到教学制度以及升学模式的影响，已经形成了一套相对固定的空间类型。现行相关中小学校建筑设计的规范中，为了满足声环境的要求，规定了"各类教室的外窗与相对的教学用房或室外文体场地边缘间的距离不宜小于25m"；为了满足日照要求，规定了"教学用房大部分要有合适的朝向和良好的通风条件。朝向以南向和东南向为主。南向普通教室冬至日底层满窗日照不应小于2h"；为了满足采光通风的要求，规定了"教学楼以内廊或外廊为宜"。由于这些基于声环境、日照条件和采光通风要求的规定大多都针对构成中小学校建筑物主体的教室，因而其在某种程度上也限定了中小学校总体布局的基本框架。由此我们可以认为中小学校的建筑空间形制就是在这些规定约束下，长期以来摸索成形的一套标准模式。目前，我国中小学教学仍以课程授受为主要教学目标，采用"编班授课制"的教学形式。"编班授课制"是指将学生按照不同年龄和知识程度编制为班级，在固定教室内上课。与之相应的，传统的中小学教学楼以3~5层的体量为主，每层都采用廊空间串联单元空间的构成方式。而这种平面构成方式又可以分为中廊和外廊两种。中廊虽能节省交通面积，但是与之相连的单元空间采光、通风较差，声音互相干扰[1]。外廊因为其采光通风良好、与外部空间联系紧密等优点已经在中小学教学楼中得到广泛应用。编班制有利于发挥教师的作用，提高教学的效率，但是不利于学生的自主学习和综合发展。在2017年第三版《建筑设计资料集》中，对于中小学校建筑构成形态以及普通教室单元平面及组合进行了罗列（图1-1），但从中可以看出平面形态的构成依然是基于线性行列模式的单一类型，组团式的平面组合由于在采光通风、日照以及疏散等条件制约下，实际应用的可能性较低。

　　限制中小学校建筑构成的这些规定，无疑都是从对中小学生身心健康成长的角度考虑的。与我国有着近似"学制"的日本，其中小学校的正规化始于明治维新时期。政府为了普及教育而大力推进中小学校的建设，使得学校建筑开始从最初借用寺庙、民宅等，逐步演化出特有的空间类型。而在这些空间类型的定型化过程中，对于教学空间的采光、通风、日照等因素的考量，显然是占据了主导地位的。早在1877年颁布的《学校建筑法概略》中就明确提出"各教室之间为了隔声需要使用墙面隔断"的要求，并指出"与教室关联最为密切的因素是光线，在确保学生安全的前提下，应尽可能地让学生有临窗面。同时为了避免光线造成学生视觉不适或眼疾，应将光线从学生座位的左侧导入"[2]。这些要求使得有数间教室的学校形成了外廊或内廊串联教室的最初雏形。并且，随着政府对教育的大力推广，学校建筑成为各地重要地标的同时，其规模也在不断扩大，建筑外观受西化影响也逐渐转变为"拟洋风"样式。那一时期中小学建筑的平面布局也逐渐形成了一字形（小规模）和凹字形（大规模）的对称模式。受到当时来自英国等西方先进教育理念的影响，1895年文部省发布了《学校建筑图说明及设计大要》（简称《大要》）[3]，从总体布局、平面布置、教室形状等方面，以假想设计图纸的形式进行了具体的说明（图1-2）。《大要》确定了分班教学的原则，并以7m×9m为一个班级的基本尺寸，每班40人，人均约1.6m²的标准确定了教室的基本单位，并提出要求确保教室内部有均匀的照度及通风，教室净高不得低于3m。尽管《大要》中有关"禁止设置内廊""南向布置教室"等要求引起了争议，但

1　张宗尧，李志民. 中小学建筑设计［M］. 北京：中国建筑工业出版社，2009.
2　吉武泰水，青木正夫. 建筑计划8，学校I［M］. 东京：丸善株式会社，1976：117.
3　吉武泰水，青木正夫. 建筑计划8，学校I［M］. 东京：丸善株式会社，1976：139.

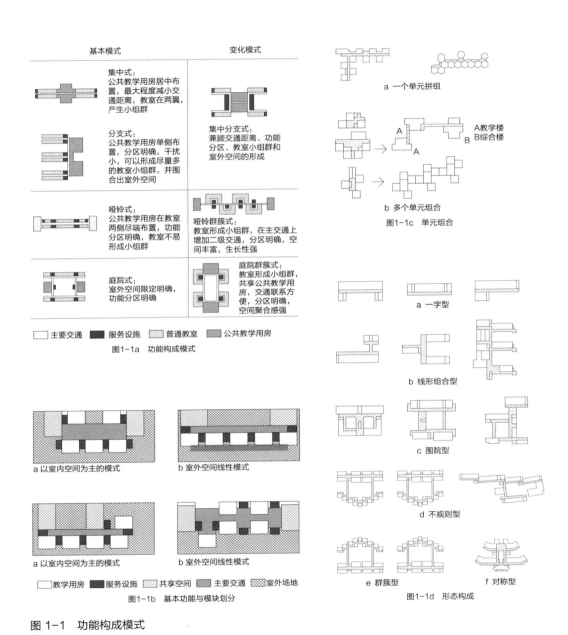

	基本模式	变化模式
	集中式：公共教学用房居中布置，最大程度减小交通距离，教室在两翼，产生小组群	集中分支式：兼顾交通距离、功能分区、教室小组群和室外空间的形成
	分支式：公共教学用房单侧布置，分区明确，干扰小，可以形成尽量多的教室小组群，并围合出室外空间	
	哑铃式：公共教学用房在教室两侧尽端布置，功能分区明确，教室不易形成小组群	哑铃群簇式：教室形成小组群，在主交通上增加二级交通，分区明确，空间丰富，生长性强
	庭院式：室外空间限定明确，功能分区明确	庭院群簇式：教室形成小组群，共享公共教学用房，交通联系方便，分区明确，空间聚合感强

□ 主要交通　■ 服务设施　░ 普通教室　▨ 公共教学用房

图1-1a　功能构成模式

a 以室内空间为主的模式　　　b 室外空间线性模式

a 以室内空间为主的模式　　　b 室外空间线性模式

□ 教学用房　■ 服务设施　▨ 共享空间　□ 主要交通　▨ 室外场地

图1-1b　基本功能与模块划分

a 一个单元拼组

A教学楼
B综合楼

b 多个单元组合

图1-1c　单元组合

a 一字型

b 线形组合型

c 围院型

d 不规则型

e 群簇型　　　　f 对称型

图1-1d　形态构成

图 1-1　功能构成模式

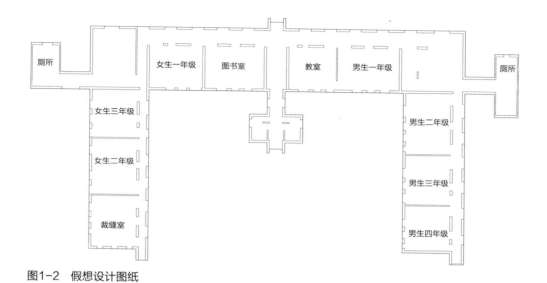

图1-2　假想设计图纸

其所提示的教室原型，以及采光、通风、换气、日照等因素的重要地位，无疑是影响深远的。

　　1900年，随着教育振兴风潮的再度兴起，同年颁布的《小学校令施行规则》（简称《校令》）对于学校建筑的品质提升有着非常重要的促进作用。由于《校令》将义务教育年限从原来的3年延长至6年，导致中小学校的学生人数剧增，10班或12班规模成为较为普遍的现象。在学校建筑的规模不得不扩大的同时，活动操场以及讲堂等大型教室的设置开始成为值得关注的问题。并且前述《大要》中关于外廊的设置，南向与北向的争论也成为当时的焦点之一。而这些问题经过了反复论证，参考了当时欧洲国家的一些经验，最终确立了排斥南向外廊的做法，根据西南地区夏季主导风向的方位，教室以及活动操场不仅可以正南向，也可设置成西南、东南、西北等方向的结论。至此，可以说日本现代意义上的学校建筑的基本格局被确立起来，凹字形的对称线性布局，讲堂作为中心，南向活动操场，北向外廊串联教室的基本特征构建起中小学校建筑的类型模式（图1-3）。

　　其后的变化出现在对先前整齐划一的、定型化模式的挑战上，特别是现代主义大师赖特的草原住宅风格在日本引起的风潮，对中小学建筑设计的影响的确是始料不及的。赖特在日本的助手远藤新（Shin Endo，1889—1951，建筑师）1921年完成的"自由学园（女子部）"（图1-4）对当时日本中小学校建筑设计的冲击是非常深刻的。巧

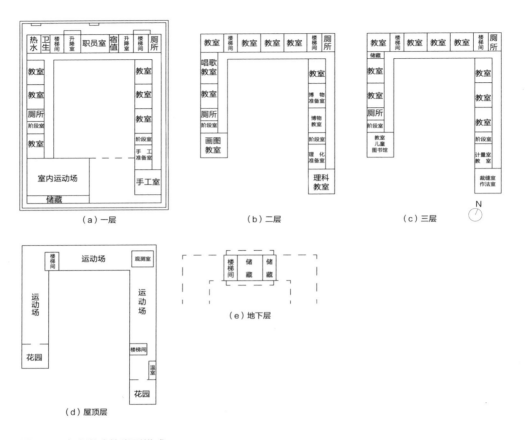

（a）一层　　（b）二层　　（c）三层

（d）屋顶层　　（e）地下层

图1-3　中小学建筑类型模式

妙的空间布局与精湛的细部处理，获得了极高的设计感的同时，还营造了具有体验性的空间感。良好的氛围创造使得学校建筑的设计不再被认为是刻板和机械的重复。可以说"自由学园（女子部）"将学校建筑从计划学意义上的拼装，变成真正意义上的建筑设计。之后是战后以"西户山小学"（图1-5）等示范学校的建成为标志，钢筋混凝土结构的高等级安全性示范在中小学校的建筑设计中逐步建立起作为标准的体系，并以此一扫之前以木构为主的、结构可靠性参差不齐的情况。

从日本的这段发展历程来看，中小学的建筑带有非常严格的环境技术的属性，空间的形态依据来自环境要素与学生学习行为之间的对应关系，并由此来获得定型化的形态类型。这一学校建筑自其诞生以来就一直伴随着学校建筑发展至今。线性廊道串联的单侧外采光教室的布局成为学校建筑的基本模式。它们各自之间仅能依靠有限的外观形式、地形契合或景观设置等来获得识别性。

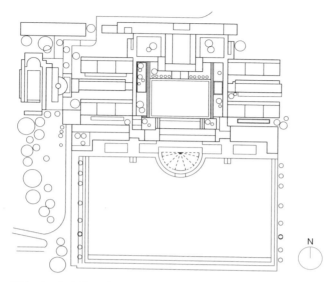

图1-4 自由学园（女子部）

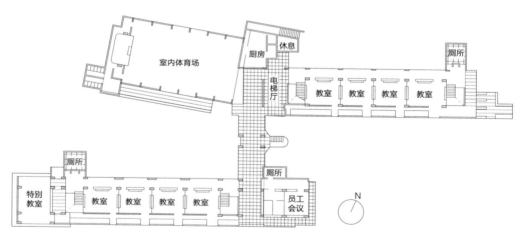

图1-5 西户山小学

我国的中小学校的建筑与日本的类型与模式有着非常相似的特点，即对于环境要素的重视性，及其所引发的建筑空间方面的特征。虽然我们幅员辽阔，地域人文风土的迥异会使得学校建筑在外观形式有所区别，但是在空间构成、总体布局等方面都呈现出大同小异的趋同性（图1-6）。

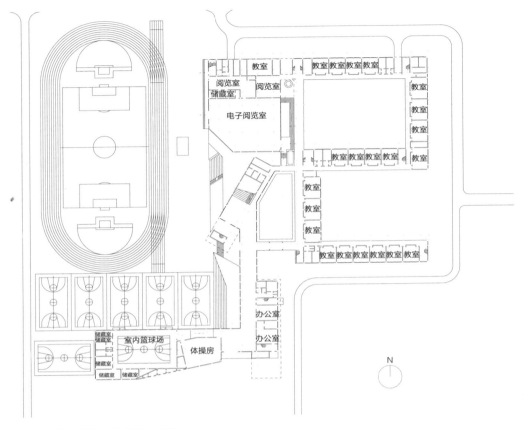

图1-6　合肥北城中央公园中小学

1.1.2　学校建筑的空间变化

要对学校建筑进行创新，就必须要对学校建筑一直以来僵硬定型的模式进行挑战。1960年代在美国教育改革中被称为"开放学校"（Open School）的、以团队建设结合个体学习的灵活教育理念，在1970年代被引入到了日本。1974年，针对自明治时代以来成形的学校建筑的僵化，日本放送协会（NHK）出版的《开放小学》一书让学校建筑的设计问题重新成为人们议论的话题。以此为契机，"小宫小学""福光中

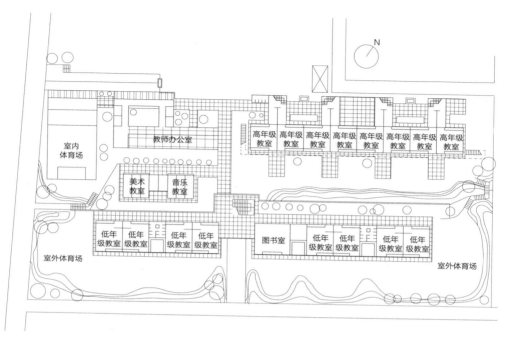

图1-7　八云小学

部小学"等一批设计实践开启了开放学校的尝试[1]。这当中东京目黑区的"八云小学"（图1-7）的开放性改造成为了新型学校筑的标杆。包括了：

①"干电池型"（Battery Type）教室单元布置使面积效率获得了极大的提升的同时，有效地改善了两侧的采光，使得高年级教室环境得到了彻底的提升；

②单层高窗设置实现了空间体验丰富的低年级教室格局；

③各教室周边设置了前室、小型工作室等的"教室环绕型"布置；

④钢结构学校（Steel School）的首创，呈现出轻盈开放的形态。

其中的"教室环绕型"所形成的单元式平面构成，是对早前外廊主导的线性平面模式的重大挑战与改变。其倡导者东京大学的吉武泰水（Yasumi Yoshitake，1916—2003，建筑学家）提出，教室周边布置卫生间、洗手台、储藏收纳架等，并可考虑将这些空间与教室结合在一起设置。"教室环绕型"的功能、作用以及空间要素包括了Q-Quiet（安静）、M-Media（媒体）、R-Resource（工具）、H-Homebase（个体）、L-Lecture（课程）、G-General（共同）、T-Teacher（教师）、V-Verandar（半室外空

1　长仓康彦. 学校建築の変革__開かれた学校の設計・計画［M］東京：彰国社，1993：33.

间）、P-Particular（制作空间）、W-Water（涉水区域）等，这些要素共同构成了"教室环绕型"的纵横轴组合（图1-8）。以此既能够从学生的个体到集体的人群对应，还能以不同方式指导教学与生活，对学生的学习生活进行全方位立体型的展开。可以说"教室环绕型"根据学校种类、学生成长阶段以及运营方式，具备了多样的功能性与灵活性（图1-9），并且还可以通过不同要素的拆分组合，来应对平面或环境需求（图1-10）。

　　"教室环绕型"带来的全新的教学方式不仅给教室空间带来了丰富性与活力，同时其自身也开始逐渐变化发展，并且开始逐渐影响到了学校建筑整体的构成方式。一

教室

L：授课空间/全体同学同时出席上课的空间

G：一般的学习空间/各种小组学习活动的空间

H：大本营/班级和个体的生活据点

W：与水相关的空间/洗手间、饮水间、卫生间等

P：活动作业角/根据活动作业布置家具、设备的角落

T：教师互动角/教室周围的教师活动据点

R：教材储藏空间/各个班级、年级、科目教材教具的收纳空间

M：媒体收纳空间/图书、教材、PC、影音作品的展览空间

V：半室外空间/类似阳台的半室外活动空间

Q：音乐练习室/隔音的空间

图1-8　教室环绕型

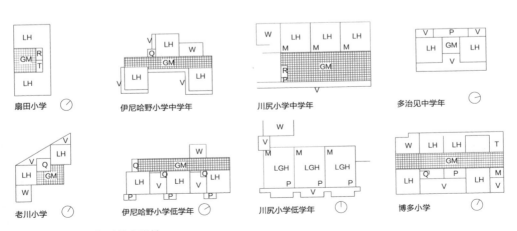

扇田小学　　伊尼哈野小学中学年　　川尻小学中学年　　多治见中学年

老川小学　　伊尼哈野小学低学年　　川尻小学低学年　　博多小学

图1-9　教室环绕型的多样性

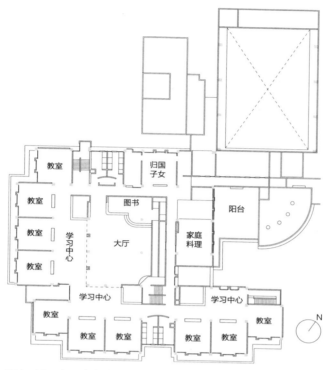

图1-10　本町小学校

方面是随着班级数量的增加，对灵活性的需求使得单元空间以彻底开放的形式出现，以及采用移动隔断或曲折空间的手段所形成了半开放单元（图1-11）。而在另一方面，随着单元的扩大，学校建筑的线性组合模式也开始瓦解，取而代之的是由线性廊道连接的组团模式（图1-12）。随着组团单元中的开放空间在教室活性化应用中的作用越发明显，组团单元的独立程度也就越高（图1-13）。

　　随着中小学校教育活动因材施教理念的逐步贯彻，针对中学生能力与心理需求的开放空间也逐步成为学生交流、交往的重要节点，并由此衍生出中学学校建筑中独有的"共有空间"（Common Space）。这些"共有空间"承担着学校个性化改革的重任，使得学生从被动学习转变为主动学习，培养个人兴趣与爱好的教科型空间。同时，针对中学生心理的特点，身心健康的个别交流与指导也需要有别于集体教室的空间；相同兴趣与爱好的小组讨论、动手能力的特殊训练，以及学生闲暇时间的活动，都需要有"共有空间"。并且，"共有空间"也从组团逐渐发展到整个学校，成为学校中公共性最高的核心空间。这些"共有空间"可以是内院，也可以是中庭，或者利用走廊的

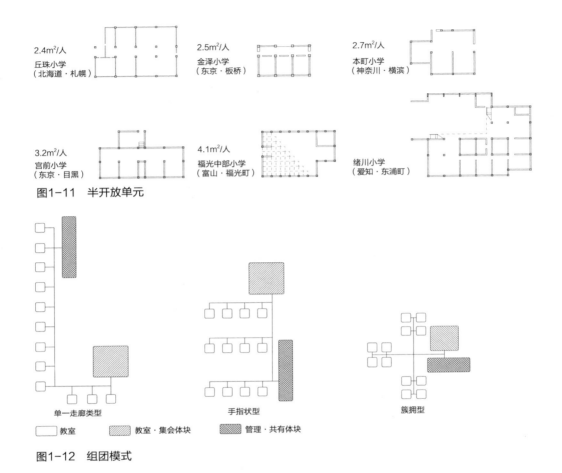

2.4m²/人
丘珠小学
（北海道·札幌）

2.5m²/人
金泽小学
（东京·板桥）

2.7m²/人
本町小学
（神奈川·横滨）

3.2m²/人
宫前小学
（东京·目黑）

4.1m²/人
福光中部小学
（富山·福光町）

绪川小学
（爱知·东浦町）

图1-11　半开放单元

单一走廊类型　　　　　手指状型　　　　　簇拥型

☐ 教室　　▨ 教室·集会体块　　▨ 管理·共有体块

图1-12　组团模式

扩大形成阶梯式的空间组合形式等。在场地局限的情况下，利用垂直空间的高畅特点来形成上下连续的"共有性"（Commonalities）也是比较常见的方式。还有彻底追求灵活性，而把整个教室分隔去除的，以公共空间主导的学校建筑等（图1-14-1、图1-14-2）。

　　可以说"共有空间"的出现，以及核心化的发展，很大程度上打破了既有的线性与组团模式，使得学校建筑，特别是中学建筑的空间更加丰富，使用活跃度更高，流线组织趋于复杂，建筑公共性得以极大的提升。

　　20世纪60年代末期开始，随着高中教育在日本的普及，"学科型"教学的重要性日益显现，选修课程以及兴趣班的开设逐渐从高中向下延伸到初中，甚至是小学的课程教学之中。由此，学校建筑中开始出现了一些与普通教室不同的专业教室。它们以不同的学科类型，诸如生物、化学、物理、天文等学科特点，对教学活动的空间产生

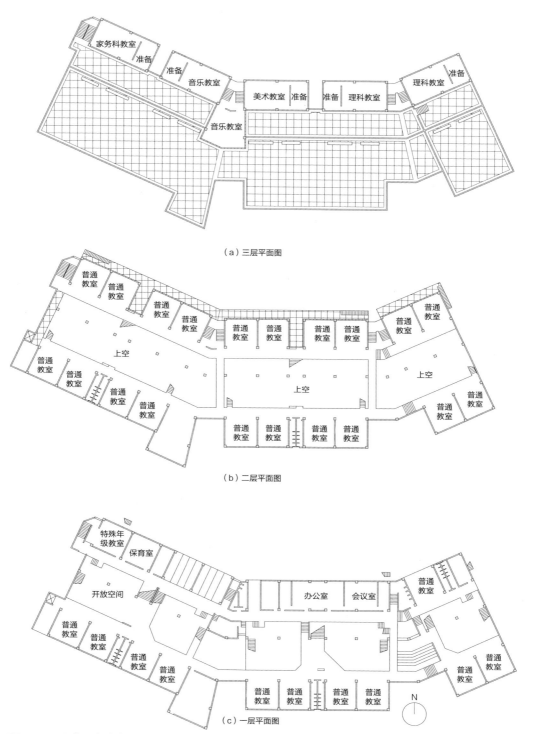

（a）三层平面图

（b）二层平面图

（c）一层平面图

图1-13 具志县市立赤道小学校

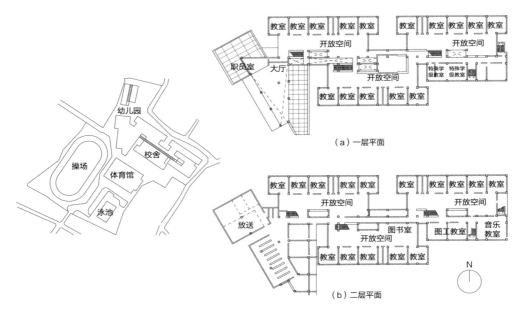

（a）一层平面

（b）二层平面

图1-14-1　具志县市立兼原小学校

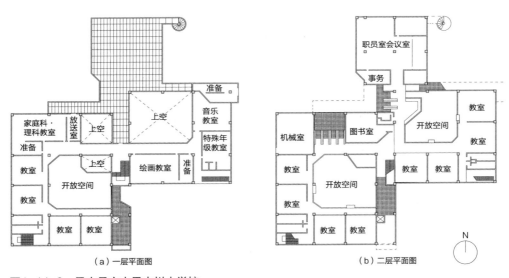

（a）一层平面图

（b）二层平面图

图1-14-2　具志县市立具志川小学校

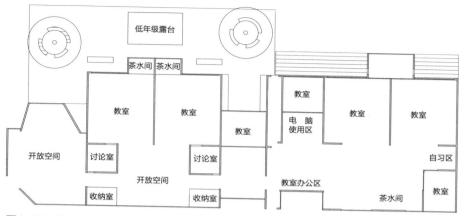

图1-15　特殊教室

了新的需求。同时因为教学方式的改变，比如劳动、图书、艺术、音乐舞蹈、电脑、视听教室等需设置特殊设备或活动场地的教室（图1-15）。此外，由于这些新的"学科型"教室的规模和数量因人数变化而呈现出不确定性，因此灵活性又是在设计中必须加以考虑的重要因素。我国的第三版《建筑设计资料集》中也增补了专业教室的内容。因此，随着"学科型"教学模式的发展，当代的基础教育正在从单一型转向多样型，它们对于传统的教学空间的影响将会是非常深刻的。

　　联合国教科文组织（UNESCO）在1996年发表了《学习：内在的宝藏》的倡议，提出了"终身学习与生涯规划"的理念[1]，倡导将学校教学与地区住民的继续教育相交叉，在教育资源共享化的基础上，提出整个生命周期的教育目标（图1-16）。在这一理念的影响下，"开放学校"的模式得到了更广泛的拓展，日本的学校建筑开始向对社区以及外部人群开放的模式变化。具体而言，一些"学科型"教室，报告厅、体育活动设施，甚至是室外活动操场或院落，都可以在某种程度上按时段向社会开放，并以此来获得社区教育资源的多样化补充。由此可以让学校教育在传统教学的基础上，更加贴近生活。这就使得既有的学校建筑的模式朝向更加综合的方向发展，与社区活动、文化活动等的结合，使得学校建筑的公共化特征更为明显（图1-17）。

　　在"开放学校"不断发展的同时，由"开放"所引发的一些社会问题也开始显

1　Jacques Delors. Learning: The Treasure Within: Report to Unesco of the International Commission on Education for the Twenty-First Century［M］. Paris: Unesco Publishing, 1996: 5.

现。2001年6月8日，日本"大阪教育大学附属池田小学"发生暴力袭击导致学生伤亡事件，引发了社会对于学校在不断开放之后的担忧，以及对"开放"方式的重新审视。近些年，国内的中小学校袭击学生的暴力事件也并不罕见，并且都引起了很大的舆情与关注。因此，在不断发展"开放学校"的校园活性化建设的同时，学校建筑中的防范设计也是必不可少的。它们不仅是保护青少年安全学习生活的重要防线，同时也是构建优美和谐校区环境的重要组成。为了能够在物质层面上对学生安全提供

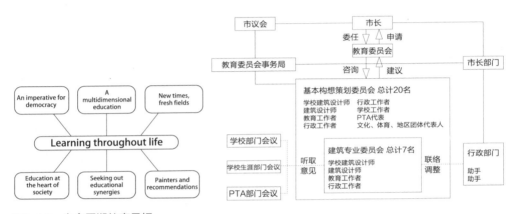

图1-16　生命周期教育目标

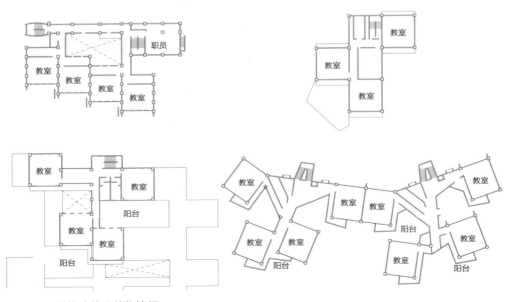

图1-17　学校建筑公共化特征

切实的保障，日本在学校建筑设计中提出了防范环境设计的CPTED（Crime Prevention Through Enviromental Design）措施。这一措施要求在建筑设计中落实：

①明确领域性（Terrioriality）；

②防止靠近与入侵（Access Control）；

③确保可视性（Natural Survelliance）；

④强化被害对象（Target Hardening）等四项原则。

从具体的设计要求上来看，将学校的内部学生活动流线与外部人群的共享流线合理设置，形成在视线上的连续，在活动流线与范围上不做明显的交叉，确保学生日常学习生活秩序完整，教学活动区域明确。此外，为了在设计上满足可视性的要求，学校建筑在平面布局上需要在学生经常活动的区域内，避免视线无法到达的死角空间的出现。在嫌疑行为发生时，具有确保校内外联系通畅、能够及时疏散的流线与场所，以及阻断嫌疑人活动路线的门障及路径等。我国近年来针对校园暴力袭击等行为的频发，也出台了一些国家及地方的校园安全防范建设标准、技术防范条例等规定，但主要集中于增设防护设置与系统，从校园规划、建筑设计角度的综合性防范措施还有很大的提升空间。因此，日本学校建筑设计的CPTED一些原则和做法是很有参考价值的，对于我们如何建设高标准和健康安全的小学环境具有很好的借鉴意义。

在1995年的阪神大地震以及2004年的中越大地震之后，学校建筑作为防灾设施的作用在日本得到了社会很大的认可。学校建筑作为社区居民身边的建筑物，一方面具有很强的熟悉性与亲近感，同时又具有坚固的结构以确保足够的防灾能力。因此，学校建筑中约8成被指定为社区的防灾据点，这些学校建筑的防灾据点约占日本全部防灾设施的60%。如何在学校建筑设计中，考虑其平时与防灾要求相互结合设置，是一个非常重要的课题。比如，避难场所的设置，既要考虑到大量人群的临时避难需求，又要考虑一些特殊人群的小规模安置；既要考虑到快速安置，又要兼顾人群之间的私密性需求。对于灾后安置，既能够满足临时的安置，也需要具备中长期安置的可能。对于大量人群安置的对应设置，应急厕所、备品仓库等生活保障的基础设置需要在设计中做出提前的预留与考虑。学科教室与普通教室在防灾设施使用期间的灵活使用，以及结构的安全性、设备的稳定性，都是作为防灾设施而言非常重要的设计内容。我国中小学校在地震、台风、泥石流等自然灾害发生时，往往也都是防灾，甚至是指挥中心所在地。因此，要避免二次受灾就必须对学校建筑的防灾能力、防灾设置在设计之初就应该具有充分的前置统筹。

我国的中小学教育正在逐步从传统教学体系向更为开放的教学体系转变。20世纪

80年代我国提出了素质教育概念，实践学习、多元创新、能力培养逐渐成为新时代中小学教育改革的方向。《中国教育现代化2035》中明确提出："分类制定课程标准，利用现代信息技术，丰富并创新课程形式；创新人才培养方式，推行启发式、探究式、参与式、合作式等教学方式以及走班制、选课制等教学组织模式"[1]。新的教学理念催生出新的教学模式，最主要的是固定班级制到选课走班制的改变。选课走班制是指学科教室和教师固定，学生根据自己的能力水平和兴趣愿望选择自身发展的层次班级上课。另一方面，政策鼓励国家课程以外的地方课程和校本课程等特色课程的开展，特色课程有助于开发学生的学习潜能，调动学生的学习积极性。

教学模式变化从以往以教师为中心向以学生为中心转变。学生的校内活动不再以吸收知识为核心，而是强化对创造力和个性化发展的培养。教学方式也由完全的课堂学习转化为注重个性化、实践性、研究型的教学，从被动式、单向式的授课模式转变为主动式、合作式的师生互动模式。新的教育模式鼓励学生和教师之间的非正式交流、学生之间的合作实践与学习，学校不再等同于教室，而更像一个可以发生各种正式和非正式活动的社交活动、提升中小学生综合能力和核心素养的综合性场所。近年来学校建筑的变化首先体现在中小学生人均用地面积减少，校园的容积率持续攀升，建筑层数突破了传统设计制约。其次是为了容纳建筑内部更多种类的活动，以往位于不同建筑物的空间被置入同一座建筑之中，出现了诸如"校园综合体"的概念。而开放式教学要求学校空间宽敞开放，具有很强的适应性和可变性。因此中小学校园设计开始走向开放化、多元化的发展趋势。

1.1.3 既有建筑的改造需求

在中小学校固有的模式与不断开放的变化趋势之间，学校建筑也面临着旧与新的适配与选择。新的发展总是处在变化与更替之中，如何确保学校建筑在与时俱进的同时，还能保证正常的教学活动，是当前中小学校建设面临的重要问题之一。

事实上，除了新建中小学校的建设标准需要考虑新的发展趋势，大量已建成的学校建筑也面临着如何适应新的开放趋势。2018年10月28日住房和城乡建设部下发《关于进一步做好城市既有建筑保留利用和更新改造工作的通知》，明确提出要高度重视城市既有建筑保留利用和更新改造，并就建立健全城市既有建筑保留利用和更新改造

---

1 中共中央 国务院. 中国教育现代化2035［Z］. 中国教育网络，2019.

工作机制提出具体意见。"通知"中的第三条"加强既有建筑的更新改造管理"中，明确提出了"鼓励按照绿色、节能要求，对既有建筑进行改造。对确实不适宜继续使用的建筑，通过更新改造加以持续利用。按照尊重历史文化的原则，做好既有建筑特色形象的维护，传承城市历史文脉。支持通过拓展地下空间、加装电梯、优化建筑结构等，提高既有建筑的适用性、实用性和舒适性"。既有建筑的改造在当前已经成为建筑设计领域受到关注的类型之一。大量的闲置工业厂房的民用设施化、办公建筑的居住化改造等，既有建筑的改造已经从早先的保护修缮型转变到了大量功能置换型，过去的既有建筑改造积累了在制度上及技术上的经验，为当前既有建筑改造进一步发展奠定了基础。其实，早在2010年12月24日颁布的《中小学校设计规范》GB 50099—2011的"总则"中就已经明确了中小学校应遵守"坚持以人为本、精细设计、科技创新和可持续发展的目标，满足保护环境、节地、节能、节水、节材的基本方针；并应满足有利于节约建设投资，降低运行成本的原则"[1]。无论是从现实需求角度，还是从国家政策层面，既有中小学校的建筑改造都是应该尽快提上日程的必要课题之一。我国近年来对中小学校的建设投入巨大。一方面是出于对教育事业的重视，另一方面的确有着安全方面的考虑。其中的异地新建或拆旧重建的中小学校在提升中小学教学环境质量的同时，需要付出人力、物力、财力与宝贵的土地资源。有限的资金预算，还必须照顾到基数庞大的老旧学校的更新。如何盘活既有资源，又能满足新的需求，借此来实现品质兼优的学校环境，是现阶段所直面的问题。随着"二胎"政策的落实与推进，可以预见的就学人数增长必定会在不久的将来给中小学校带来巨大的入学压力。一味地投入巨大资金的大规模新建学校并不现实，从现在开始未雨绸缪地加快推进针对既有中小学校的建筑改造是具有必要性的。

与新建学校建筑相比，既有中小学校的建筑物，随着建设年代的不同，固有模式成形的程度不同，也同样面临着开放改造的程度与方式上的不同。因此，既有中小学校建筑的改造可能会比新建更为复杂，也更需要具有随机应变的巧妙构思与手法。日本学者长仓康彦（YasuhikoNagakura，1929—2020，建筑学家）在对既有学校建筑改造的策略中提出针对既有建筑的存量普通教室进行重新活性化的思路[2]。在日本既有学校建筑中有很大一部分是建设于战后的，以外廊串联教室的线性行列式为主要特征的类型。这些学校基本都是按照环境行为模式确立的空间，结构也都以当时比较流行的

1　中华人民共和国住房和城乡建设部. 中小学校设计规范：GB 50099—2011[S]. 北京：中国建筑工业出版社，2010.

2　长仓康彦. 学校建築の变革__開かれた学校の设计・计画［M］東京：彰国社，1993：31.

钢筋混凝土框架结构为主。因此，这类既有学校的建筑在很大程度上都比较类似，普通教室无论是在数量上，还是在构成类型中占据了决定性的地位。长仓以这些普通教室在线性构成中的不同部位为基础，通过分析各自空间的特征，在其中置入公共空间的方式，形成了可以操作的五种基本改造类型（图1–18）。第一种类型是将普通教室之间，以及教室与走廊之间的墙面去除后变为多功能教室，其可作为学年活动的公共空间来使用。第二种类型是在外廊北侧通过扩建的方式，增大走廊的宽度来形成学年的公共空间。第三种类型是在第一种类型的基础上，去除教室之间及走廊的墙面后，南向扩建教室，形成教室三面环绕的公共空间。第四种类型是将位于L形转角部位的教室，去除教室之间以及其与外廊之间的墙面，来形成被教室两面围合的公共空间。第五种类型也是针对位于转角部位教室的公共空间的改造，通过在转角部位的内凹角部位的北向扩建，来形成被教室两面围合的公共空间。这些既有建筑的基本改造类型都是在既有普通教室的基础上，在平面上通过改善学习空间，以及"教室环绕型"公共空间的增加作为目的的。

当然，既有学校建筑的改造，除了在平面上利用普通教室的公共化改造之外，还可以通过垂直方向上空间扩增来实现教室公共化的可能。通过提升空间的高度，其公共性也会随之增加。因此，在既有普通教室的基础上，通过去除楼板来获得公共空间的做法同样存在着可能性。事实上，学校建筑中的通高中庭，局部挑空等空间，往往都是重要的公共性空间节点。它们在丰富学校建筑的内部空间的同时，也是"教室环绕型"的垂直类型（图1–19）。平面改造类型结合垂直改造类型，还可以获得更加多样的组合。

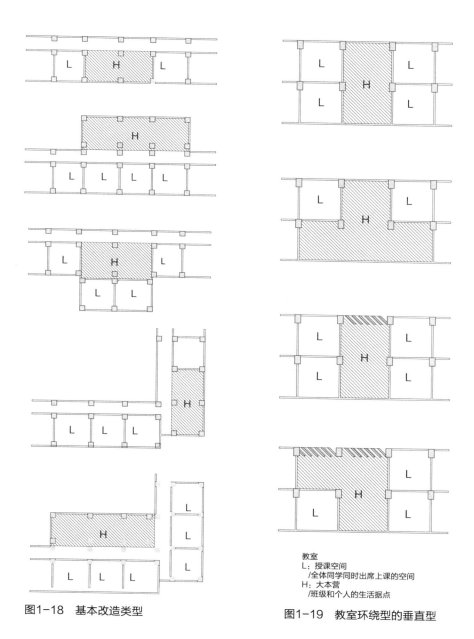

教室
L：授课空间
　/全体同学同时出席上课的空间
H：大本营
　/班级和个人的生活据点

图1-18　基本改造类型　　　　　图1-19　教室环绕型的垂直型

1.2 中小学校的建筑结构

1.2.1 主体结构与建造系统

　　中小学校建筑的主体结构体系是与其空间构成关系密不可分的。除了在一些经济不发达地区可能还在采用传统木结构和砖石砌体、夯土等结构外，现在一般的中小学建筑都会采用钢筋混凝土框架结构体系。日本自战后开始大量使用钢筋混凝土结构，在中小学校的建设中推广使用了当时被认为是最为安全和先进的结构体系。这一方面是因为中小学校建筑结构的坚固性被视为是学校安全性指标的重要标准，另一方面则是因为梁柱组合的框架结构的网格化与规格化的划一特点与教室单元组合的空间类型可以相一致。因此，钢筋混凝土框架结构就此同学校建筑的类型化一体成为学校建设的标准模式。可以说，框架结构的出现及引入，助推了当时学校建筑以教室为单元的外廊串联行列形式的定型（图1-20）。

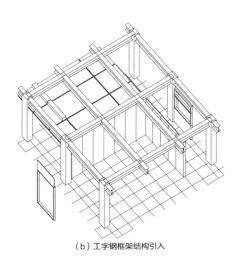

（a）钢桁架框架结构引入　　　　　　　　　　　　　　（b）工字钢框架结构引入

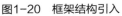

图1-20　框架结构引入

与此同时，由于框架结构与学校建筑的空间类型如此一致，为了确保学校建筑的安全性达标，避免钢筋混凝土结构的施工工艺由于建设地区施工水准不同而产生的差异，提高建设效率与工艺精度等，将建筑工业化技术引入学校建设的"建造系统"（System Building）也被提上日程。1957年在英国的诺丁汉地区，一种被称为CLASP（The Construction for Local Authorities Special Programme）的建造体系开始针对性地用于学校建筑的建设。它将学校建筑在建设周期中可能预想到的课题，与一定程度上的建设量，通过规格化的产业技术来实现整体性建造的目的。CLASP从建造方式的研发开始，将设计、生产、施工的程序组织在一起，形成一体化和标准化的"建造系统"。这种"建造系统"的出现，与先前那些个别化的设计、施工的方式相比较，无论是在建设体量、建造效率、还是在施工精度等各个方面，都体现出巨大的优势和经济性效益（图1-20）。受其影响，美国的SCSD、加拿大的SEF与RAF、瑞士的CROCS、原联邦德国的MARBURG以及日本的GSK系统相继出现，学校建筑进入到"建造体系"的建设时代（表1-1）。

学校建筑主要的系统图形构成　　　　　　　　　　　　　表1-1

国家	地区	起始开发年份	扶手	最大跨度（mm）	楼板厚度（mm）
英国	诺丁汉	1957	90cm	279×90	60
美国	加州	1962	5ft	约300×1.350	约90
加拿大	多伦多	1966	5ft	约900×2.100	约120
加拿大	蒙特利尔	1969	5ft	约600×2.400	约120
瑞士	洛桑	1968	60cm	780×780	60
德国	马尔堡	1964	120cm	720×720	117.5
日本	南关东	1975	90cm	450×990	70

"GSK系统"（Gakkou Shisetsu Kensetsu System）是由当时的社团法人"教育设施开发机构"（现名：文教设施协会）主导开发的。它取代了之前从战后一直沿用的钢筋混凝土结构体系的学校建筑，通过改革招标委托的方式，将生产和加工过程委托给具有品质保证的相关企业，从而实现了学校建设的高规格和高标准化。在"GSK系统"的推动下，由日本建设省主导的"GOD系统"（Government Office Development System）得以成行，并在包括了机关楼宇等更大范围被推广采用。欧美与日本等国针对学校建筑的"建造系统"的出现，是战后人工成本高企，以及学校建设数量急剧增

多等多种因素叠加所导致的。但是这种被动的系统发明，却无意间推动了预制装配式系统的发展，它们对于建设质量优异的学校建筑起到了重要的作用（表1-2）。

主要系统图形构成的次系统构成 表1-2

系统名	已开发的次系统									
CLASP	结构体（钢骨架）	地板	外墙	天花板	隔墙			暖气	房顶	
SCSD	结构体（钢骨架）			照明	天花板	隔墙		冷暖气		
SEF	结构体（钢骨架）	外墙	照明	天花板	隔墙	卫生设施	电路	空调	房顶	家具 地板完成
RAS	结构体（pc）		照明	天花板	隔墙		电路	冷暖气		
CROCS	结构体（钢骨架）	地板	天花板		隔墙			暖气新风	家具	
MARBURG	结构体（pc）		天花板		内外墙				家具	实验机
GSK	结构体（钢骨架）	外墙	天花板	照明	隔墙	机械卫生系统电路		房顶		内装

我国的中小学校建筑的结构体系一直以来沿用了钢筋混凝土框架结构，除了一些因规模或经济条件限制的场合，框架结构形成的外廊或中廊串联的行列式形制是最为普遍的中小学校的特征。由于我国预制装配式施工技术的推广与应用起步较晚，针对学校建筑的"建造系统"尚未成形。但是随着近些年建筑工程大量增长，建造产业与施工技术也在飞速发展。2016年9月国务院办公厅下发的《关于大力发展装配式建筑的指导意见》中提出要以京津冀、长三角、珠三角三大城市群为重点推进地区，常住人口超过300万的其他城市为积极推进地区，其余城市为鼓励推进地区，因地制宜发展装配式建筑。力争用10年左右的时间，使装配式建筑占新建建筑面积的比例达到30%。2017年3月，住房和城乡建设部发布的《"十三五"装配式建筑行动方案》中明确到2020年，全国装配式建筑占新建建筑的比例达15%以上，其中重点推进地区达到20%以上。根据此套方案提出的目标，各省市都开始了装配式建筑落实方案。装配式建筑在住宅项目迅速落地，并且开始向包括学校在内的公建项目发展。在2019年国务院印发的《中国教育现代化2035》中明确提出了"加快推进教育现代化、建设教育强国"的新标准，这对推进义务教育学校标准化建设提出了更高的要求。为了使教育更加面向未来，对建筑企业而言，设计更科学的校园功能分区、建设更安全舒适、绿色便利的学校，迫在眉睫。而在教育投资建设中，高品质的学校装配式项目自2018年起在国内大量井喷，俨然成为学校建设新浪潮。"星河湾中学"作为上海市第一所采用预制装配整体式混凝土结构体系建造的公共配套完全中学建筑示范项目，在装配率、项目类型和规模上都是首例（图1-21）。学校的抗震设防为重点设防类，节点与

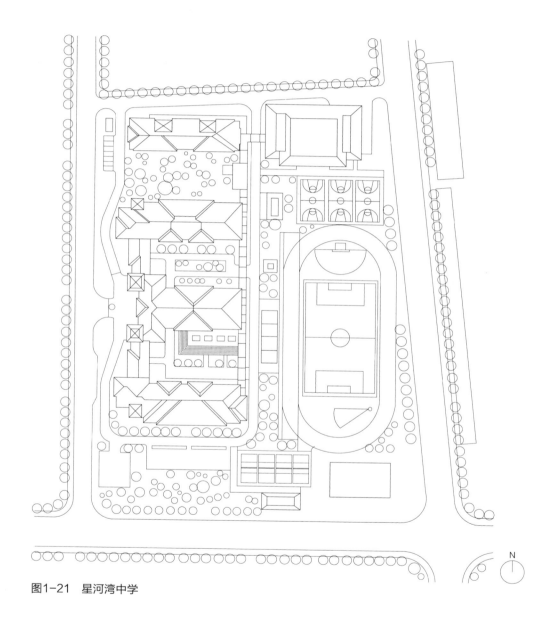

图1-21　星河湾中学

构造的抗震设计要求高。其教学办公楼采用了模数化的建筑设计，由普通教室、专业教室、卫生间等标准模块单元组成。设计中对于不同功能的普通教室进行尺寸归并，专业教室采用1.5倍或2倍的扩大轴网进行布置；通过结构布置归并大幅减少了构件种类。"深圳市大礁小学"充分发挥装配式钢结构建筑轻、快、好、省的优势，通过设计、采购、建造全过程中应用的BIM技术、智慧工地等先进管理手段，使项目工期从传统建筑所需要的一年时间缩短到138天。"济南市钢城区金水河学校"的钢结构制作、AAC墙板及楼承板全部在车间生产，减少了现场施工强度，省去了砌筑和抹灰工序，大大缩短了整体工期，具有绿色、环保、节能等优点。我国中小学校的预制装配式建设尽管起步较晚，但是在当代信息化技术，如BIM等三维可视技术等的加持下，很大程度上已经弥补了原先的劣势，并正朝着结构材料与体系的多样化、结构与非结构构件的一体化、施工智能化等更为先进的建设产业化推进。

1.2.2　建筑结构的补强

我国的地震多发地区广泛分布于华北、西北、西南、东南沿海等处。近年来全球范围地震活跃期开始，地震灾害发生的次数与频率也在逐年上升。由于遭受地震灾害的损失也在逐渐加大，相应的防控力度也在不断升级。中小学校既是人员密集的场所，同时又面临着逃生技巧及防风险意识薄弱的问题。双重的不利因素使得中小学校的安全性始终都是地震防灾的重要问题之一。2008年的"汶川地震"造成了7444间校舍损坏或倒塌，约1万名中小学生死亡。地震灾害发生后，在中国的联合国儿童基金会（UNICEF）办公室组织教育部相关专家与决策者赴日本学习有关灾害风险降低的先进作法。2009年教育部制定了"全国中小学校舍安全工程"，中央政府三年内拨款约300亿元，省政府拨款约3500亿元，要求对全国较薄弱的中小学校（包括不受四川地震影响的中小学）实施评估、改造或重建。该项目涉及四川、甘肃、陕西等省4600所中小学校。由于中小学校同时还是很多地区重要的临时人员避险及过渡的场所，还需要具有抵御特殊地质、气象等灾害的能力。因此，中小学校建筑及其结构性能较其他民用设施要求更高。事实上，我国早在1974年就制定了《工业与民用建筑抗震设计规范》TJ 11—74，1976年唐山大地震后不久，国家有关部门就对建筑抗震规范进行了修订。1989年《建筑抗震设计规范》GBJ 11—1989通过以来，国内的抗震设计标准就已经达到了国际水平，规定了地震高烈度地区的建筑物需要具有承受强烈地震振动的能力。《建筑抗震设计规范》GB 50011—2010明确规定了"中小学校建筑为抗震重点设防类建筑，抗震措施应按当地地震烈度提高一度设计"[1]。

2017年8月8日四川九寨沟7.0级地震导致九寨沟县和松潘县共25所中小学受灾，造成学校危房8万余平方米；2018年7月22日甘肃岷县、漳县6.6级地震造成两县360余所学校29.54万m^2校舍受损，其中2763m^2倒塌，11.61万m^2严重受损。仅从这两次最近发生的地震灾害受损情况而言，中小学校建筑的抗震性能状况还是令人担忧的，凸显了完善的法规与规范无法在地震多发地区得到充分应用的问题，老旧中小学校或新建学校的建筑物抗震性能不足或低下，无法保障地震发生时人员的安全。特别是那些偏远及地质条件复杂的受灾地区，受制于经济条件、建造手段以及传统习惯等客观因素，其中小学校建筑的抗震条件更是不容乐观。

在1995年的阪神—淡路大地震造成近4000所学校设施受损之后，日本政府开始把注意力转向全国范围内的学校设施地震减灾，甚至开始关注地震风险相对较低的地区，着手对中小学校的结构安全重新制定标准。2002年日本建筑学会（AIJ）的损害调查表明，当时日本全国仅44.5%的中小学建筑符合国家防震标准，可以认定为抗震建筑。这使得文部科学省意识到，需要对地方政府制定新的政策，解决学校建筑地震风险的问题。文部科学省于2003年出台了地方政府《推动抗震校舍建设指导意见》，积极推动国家对学校改造项目的补贴，各地市级政府开始在各自管辖范围内实施学校改造和重建。到2015年为止，已经有大约有5.2万所小学和初中被评估为防震学校、可改造防震学校。2003年，文部科学省面向地方政府印制发行的《推动抗震校舍建设指导意见》阐述了学校结构抗震安全的基本概念、如何确定改造工程的优先级以及规划和实施改造工程的方法。其中特别强调了"优先级调查显示建筑结构评分，或脆弱性评估显示脆弱性评分高于需要重建的阈值的，则实施抗震诊断。抗震诊断产生两个指标：结构抗震指标和水平承载力指标。然后将这两个指标与地震的低、中、高风险相关联，确定学校改造项目的紧迫性"。日本政府为了鼓励各类中小学校的抗震改造，文部科学省以津贴形式向地方政府提供的国家经费补贴覆盖了最初计划成本（即脆弱性评估、抗震诊断、改造规划和实施相关的成本）的大约1/3，并在2008年中国汶川大地震造成大量学校受损及人员伤亡后，将补助提升到2/3，以加强促进抗震改造的推进。

经过10多年来持续的努力，特别是在经历了2011年东日本大地震后，随着建筑结构标准的进一步升级，2002年到2016年，日本的中小学校抗震建筑比例从44.5%升至98%，

1　中华人民共和国住房和城乡建设部. 建筑抗震设计规范：GB 50011—2010[S]. 北京：中国建筑工业出版社，2010.

剩余的2%则计划关闭或自行拆除。针对既有中小学校抗震性能提升的改造已经成为中小学建设的主要内容。2019年度日本文部省的预算公报中，超过2018年相关预算3.5倍的资金将会被投入到中小学校的抗震改造中。面对地震灾害频发的不利条件，日本选择了鼓励与积极推进针对既有中小学校结构抗震性能的建筑改造是具有借鉴价值的。一方面它能够在完善中小学校建筑结构的安全性的前提下，主动改善教学环境来适应新的教学模式的转变。另一方面通过保留和重新利用和开发既有建筑资源，能够在财力、物力和土地资源等各方面节约不必要的消耗和重复建设，从而实现可持续的发展。

因此，中小学校建筑结构的补强，特别是针对抗震需求的结构性能提升，并非消极和被动的补充措施，它可以将建筑的空间改造、教学模式的转变、建筑形象的改善等一系列建筑空间品质的提高联动起来，形成更为综合与高效的补强方式。针对中小学校建筑结构的特点，补强的方式主要有结构构件的性能提高和整体结构的性能提高两类。其中结构构件的性能提高又可分为结构强度提高和结构韧性提高两种。

结构构件强度提高的方法（表1-3）包括了：

结构制振化改造   表1-3

工法	加强承重墙	加大梁柱截面	增设结构框架
基本原理	提高强度	提高强度	提高强度
概要	承重墙加厚	梁柱截面变大	框架内外增设承重墙和支柱
特征	1. 加固结果容易影响建筑的使用 2. 若建筑在地震中受损程度不高，可减少加固量 3. 增设墙体会使建筑整体变重，需要再次检查基础 4. 工期近两个月	1. 与加强承重墙的工法相比，加固效果较差 2. 加固结果对建筑的使用影响较小 3. 贯通混凝土板的交接处必须配筋 4. 在建筑使用时同时施工会有困难 5. 工期近两个月	1. 对结构的加固效果好 2. 加固结果容易影响建筑的使用 3. 若建筑在地震中受损程度不高，可减少加固量 4. 若在建筑外立面处的框架外增设承重墙和支柱，则可在建筑使用时同期施工 5. 对于钢筋混凝土框架结构采用增设承重墙的方式效果更好，但也使得建筑变重，必须再次检查基础。对于钢框架结构而言，对轻量化的追求会影响加固方式的选择
概略图		外加混凝土 加强钢筋圈 	

①抗震墙体强度提升，通过增加抗震墙的厚度，以及填充抗震墙体中的开洞部位等措施来实现；

②增大梁与柱的截面；

③增强框架抗侧性能，通过在框架内侧或外侧设置抗震墙体或支撑来实现。

结构韧性提高的方式包括了：

①增强柱与梁的抗剪性能，通过在柱与梁的构件周围缠绕钢板或碳纤维卷材的方式来实现；

②确保构件的有效长度，在结构构件与非结构体之间通过设置柔性连接的方式，来消解集中应力。

整体结构性能提高的方式包括了：

①改善建筑物偏心率与刚度中心位置，通过设置或消减墙体，来调整建筑物的结构分配，提高建筑结构的整体平衡；

②建筑物的轻量化，通过局部或整体消减楼层或墙体，来降低建筑物的重量，并以此减轻建筑物所受的地震力作用；

③结构隔振化改造，通过在既有建筑结构的底部或中部设置隔振装置来实现；

④结构减振化改造，通过在既有建筑结构中置入耗能支撑装置来实现。

1.2.3　非主体结构

非结构要素指建筑物主体支撑结构之外的建筑构件或构筑物。根据《非结构构件抗震设计规范》JGJ 339—2015[1]中对"非结构构件"的定义，非结构构件（Non-structural Components）是指"与结构相连的建筑构件、机电部件及系统"。而"建筑非结构构件"是指"除承重骨架体系以外的固定构件和部件，主要包括非承重墙、附着于楼屋面结构的构件、装饰构件和部件、固定于楼面的大型储物柜等"。具体而言，非承重的隔墙、顶棚（吊顶）、楼梯、雨棚、女儿墙、装饰面材等，它们为建筑的正常使用、安全防护、耐用美观等提供了重要的保障，是建筑物的重要组成部分（图1-22）。除此之外，中小学校建筑及校园的特殊性，建筑之外还存在着大量的附属或独立的构筑物、围墙等。在建筑设计中，这些非结构要素对于建筑的形态及空间

1　中华人民共和国住房和城乡建设部. 非结构构件抗震设计规范：JGJ 339—2015[S]. 北京：中国建筑工业出版社，2015.

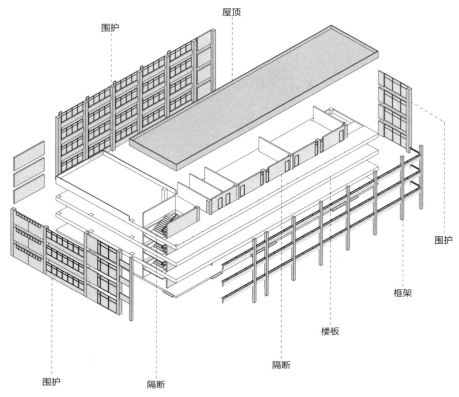

图 1-22 建筑物的重要组成部分

塑造上的影响甚至会超过那些主体结构构件的作用。然而，我国的建筑物结构设计中，与主体结构的重要性相比，对于这些非结构要素的关注则会相对偏少许多。很多非主体结构构件的结构安全性与耐久性的设计与计算被大幅简化，甚至很多时候会依赖于加工厂家的估算，或直接套用成品等。在当前设计行业的设计周期被大幅压缩的情况下，非主体结构要素的结构设计更是会常常流于程序，客观上一方面造成了建筑非主体结构要素设计的不合理而导致安全隐患或浪费，另一方面则是非主体结构要素成品化泛滥，设计品质低下。非结构要素在国内的这种建筑与结构设计之间的脱节现象从行业规范制定上也可见一斑。与主体结构设计规范在涵盖范围以及数量上相比，非结构要素设计相关的规范也只有2015年颁布的《非结构构件抗震设计规范》GJG 339—2015一本。而建筑设计涉及非结构要素的规范大多数与建筑防火、疏散相关。事实上，非结构要素尽管其危及主体结构安全性的危险性较小，但是由于其与使用息息相关，因此在人员安全方面依然存在着很大的隐患，对于其结构安全性的考虑势在必行。

　　随着"二胎"政策的落实与推进，可以预见的就学人数增长必定会在不久的将来给中小学校带来巨大的入学压力。据公开报道，自2017年以来，我国每年小学与初中的校舍面积增长都在3500万m²左右。然而，与这种大规模建设以及建造标准日趋提升的背后，则是针对中小学校非结构要素在安全性方面的巨大隐患。据公开资料的粗略统计（表1-4），中小学校的顶棚、栏杆、隔墙、女儿墙、楼梯以及围墙都是造成学校使用人员伤亡的重要因素。与一般的公共建筑相比，中小学校由于其使用人员的特殊性与聚集性，一旦这些非结构构件破坏，往往会造成比较重大的人员伤亡情况，从而导致舆情的扩散，影响社会稳定。

　　日本自1923年"关东大地震"以来，有关建筑结构抗震的设计、措施、法规等日趋完善。然而，2011年的"311东日本大地震"造成的建筑物顶棚和设备管线等非结构要素等的掉落造成较大的人员伤亡。伊东丰雄的名作"仙台媒体中心"的顶棚在地震中塌落还成为当时的社会新闻（图1-23-1、图1-23-2）。在对"311东日本大地震"受灾情况的调研中发现，建筑物室内的顶棚塌陷或掉落数量较多，其所造成的人员伤亡较大，具有严重的危害性。日本建筑学会根据非结构构件的安全性评价及防止掉落事故的特别调查委员的报告，于2013年3月4日发表了关于"防止顶棚等非结构构件掉落事故的导则"（表1-5）。尽管此后日本在建筑抗震的法规上明确了将顶棚这样特定的伤亡危害较大的非结构构件的抗震性能作为必要的设计内容。但是除了顶棚之外的其他如栏杆、楼梯、非承重墙、雨棚、设备管线等还只是停留在日本建筑学会的建议层面，尚未正式列入相关的设计规范之中，与建筑设计一并融合考虑的设计议题也未明提出，这些滞后客观上造成了建筑师对非结构要素的忽视。2016年熊本地震中，中

图1-23-1　仙台媒体中心顶棚在地震中塌落

图1-23-2　工人对在地震中塌落的顶棚进行清理

中国近年中小学校建筑非结构构件安全事故 表1-4

构件种类	发生时间	发生地点	情况描述	伤亡
顶棚	2010年3月13日	北京	海淀区清河永泰小学教室顶棚掉落	10名小学生轻伤
栏杆	2010年10月21日	广西	柳江县洛满镇洛满中心小学一栋两层综合楼的二楼走道栏杆发生坍塌	27名学生受伤，4人伤势严重
	2018年6月20日	河南	郑州外国语新枫杨学校内楼栏杆突发断裂，三名学生从三楼坠落到一楼	3名学生受伤送医
	2019年9月2日	四川	学生打闹撞到防护栏杆后坠楼	1人死亡，1人受伤送医
楼梯	2003年12月11日	河南	成安县商城镇中学教学楼发生学生挤塌楼梯事件	5人死亡，14人受伤
	2008年5月12日	四川	映秀职业学校受地震影响楼梯崩塌，依靠布条转移500多名师生	无伤亡
	2013年6月3日	台湾	台南县南投鹿谷中学初中校舍受地震影响倾斜2°～3°，位移20cm，楼梯和教室分离	无伤亡
女儿墙	2010年8月7日	山西	太原市西山杜儿坪小学一栋三层教学楼顶的女儿墙倒塌砸中加固校舍搭建的脚手架	工人2死1伤
	2015年6月10日	河南	平顶山市宝丰县观音堂林站垛上村未来星幼儿园因风致防晒网扯落女儿墙，砖石掉落	两名幼儿伤亡
	2016年4月21日	贵州	凯里学院附中附属2号楼屋面女儿墙垮塌	1名学生死亡，4名学生受伤
非承重墙	2011年10月21日	山东	临沂市兰山区一个民办学校晓蕾小学的厕所墙壁突然倒塌	1死4重伤
	2017年5月9日	浙江	嘉兴学院越秀校区外国语学院楼206教室与207教室隔墙发生坍塌	无伤亡
围墙	2010年3月11日	福建	福州市琅岐岛上的金砂中心小学黑板报墙倒塌	5名学生死亡
	2013年11月7日	四川	泸州市纳溪区龙车镇一学校围墙发生垮塌	3名学生死亡，6人受伤
	2010年5月26日	云南	某英语学校昆明分校浴室门口的围墙突然断裂倒塌	4名学生受伤
	2018年8月3日	黑龙江	德强学校扩建工程发生墙体倒塌	1人死亡，10人受伤
	2020年3月4日	广西	南宁经济技术开发区第三小学的一段围墙倒塌	无伤亡

学的体育馆由于室内装饰面材的掉落，击中了屋面网架构件造成主体结构构件的屈曲破坏，并由此引发了对学校建筑中非主体结构设计与补强等问题重新提上议事日程的开始（图1-24-1、图1-24-2）。

"防止顶棚等非结构构件掉落事故的导则"（日本建筑学会2013.3.4）修订示意　表1-5

修订前	修订后
第一章　总则	第一章　总则
第二章　设计	第二章　设计
	第三章　建筑非结构构件及其他抗震设计
抗震设计的规定散布在各个章节	抗震设计的规定集中在第三章 3.1　建筑非结构构件 3.1.1　共通事项　　　　3.1.2　外墙 3.1.3　门　　　　　　　3.1.4　玻璃 3.1.5　顶棚　　　　　　3.1.6　隔墙 3.1.7　其他建筑非结构构件（仅资料）
第四章　补充条例	第四章　补充条例

图1-24-1　体育馆室内装饰面材在地震中掉落

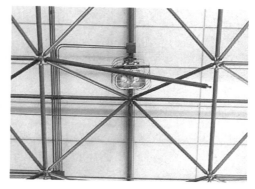

图1-24-2　脱落的面材击中屋顶结构造成破坏

1.3　融合结构技术的中小学校建筑设计方法与类型

1.3.1　建筑与结构的融合

近年来，通过融合结构性能的建筑设计创新已经开始在国内建筑设计领域崭露头角。其中的原因一方面是受到了国外学术与设计创作领域都已经开始重视建筑与结构设计一体化潮流的影响。另一方面也跟国内开始倡导以"结构设计"（Structure Design）为代表的，本着结构的创造性与合理性创新的设计风潮相关。事实上，结构领域内的技术积累与发展，已经具备了足够的储备来创造出新形式的可能。随着结构解析技术在近些年的飞速发展，构件的小型化、复杂化、精密化的进化，结构形态的丰富性与多样性都已经不可同日而语了。

"结构设计"是指将结构受力与建筑形态相关联所进行创作的工作，被用以来区分纯粹的结构计算、解析等程式化的作业。结构计算员主要是依据确定的规范对建筑物的安全性进行研究的技术者；结构设计者不仅研究安全性，还作为同建筑师一起进行建筑设计的有机组织的一员，能够提出结构解决方案的技术设计师。因此"结构设计"与一般熟知的"结构选型"并不相同。所谓"设计"就是指对前所未有的事物进行的创造性工作。而"选型"是对既有的事物进行选取的操作。对于建筑结构而言，"设计"是沟通结构与建筑其他造型要素的纽带和依据。因此，建筑的"结构设计"是一种立足结构受力的合理性，来整合其他建筑空间构成要素的综合性设计过程，也被认为是可以用来整合建筑的"整体策略"（Wholistic Strategy）。"整体策略"并不是指单一的结构合理化操作，而是在形态构思的开始阶段，就同时确立相对应的"结构形态"，并且将其置于建筑的整体中给予考虑的方式。并在此基础上，加入对安全性与经济性等方面的考量，包括了与建筑空间密切相关的材料、系统、施工、细部、表现等，形成了具有前瞻性的整体性与整合性的策略。这种"整体策略"不仅可以从建筑与结构的整合开始，还可以通过建筑与其他技术因素，比如环境控制、功能流线等相结合再形成最初的形态构思。主观层面上的"观念"（Image）与客观层面上的"技术"（Technology），这两者之间并不应该对立地并置，而是应该被有意识地整合成为一体，才能使得建筑的构想顺利推进并得以实现。具有丰富个性的"观念"在经过了"技术"的合理化修正之后，将会得到更加优异的结果，这正是推动设计进入下一阶段的原动力所在。"整体策略"并非简单地将建筑与结构放在一起，而是需要将两者有机地相互渗透，并达到深度的融合。"整体策略"将原先局限的结构技术扩展到所能涵盖的，涉及建筑要素的各个方面。"结构设计"的重要前提在于构思，计算只是作为验证的手段。通常意义上的结构计算并不能代替"结构设计"，只有设计才能使结构与建筑的其他要素之间保持可以交换形态信息的途径。

从2009年4月起，由日本建筑学会（AIJ）主办的"Archi-Neering Design"（以下称AND）巡展以历史、20世纪的建筑与技术、意念与技术的交叉点、空间结构的诸相、防震与高度的挑战、身旁的AND与居住的AND、都市与环境的AND八项主题向人们展示了结构对于建筑形态的贡献和意义。"Archi-Neering"这个来自斋藤公男（Masao Saito，1938—，结构教育家，结构设计师）的造词本身就说明了"建筑与技术"一体化的意味。不过，在斋藤公男看来，"Archi-Neering"这个词并不能单独使用，而是必须要与"design"一并使用才有意义。这或许就是在斋藤的意识中，作为创新的设计才是联系建筑与技术，乃至于在整个工程设计中的关键所在。尽管，斋藤公男本人也感觉"Archi-Neering Design"一词还没有非常合适的汉字可以对应，但他曾强调"Archi-Neering Design"并非只针对结构与建筑而言的，而是在建筑与技术一体化的设计中所展现的创新[1]。

王骏阳（1962—，南京大学教授，建筑学者）在《"结构建筑学"与"建构"（Tectonic）的观点》一文中提出了"结构建筑学"（Archi-Neering）的提法，他认为Archi-Neering中的Neering不完全是结构问题。这一观点至少可以在两种意义上进行理解，一种理解是建筑结构只是建筑工程的一部分，故Neering不仅仅与结构问题相关；另一种理解是我们可以将Neering视为建造的艺术。换言之，作为建造的艺术，Neering不仅与结构有关，而且是结构、建造、技术与建筑进行融合的艺术。按照后面一种理解，Archi-Neering本是上就是Architecture（它来源于古希腊语，可以分解为Archi和Techne两部分，前者有全面、统领的含义，后者则是技艺、技术的意思）的

1　斋藤公男. 構造デザインの潮流と課題[J].「挑戦する構造」建築画報，2001（8）：8.

另一种表述形式。王骏阳认为在这样的意义上，"结构建筑学"可以被视为是"建构"话语的有效内容和有益补充[1]。显然，如果我们将"结构"一词所具有的丰富含义从先前或一般意义上的支撑技术中解放出来的话，那么结构就如同其根源中所具有的综合性一样，涵盖了与建筑形态所相关的"技艺"——"技术"与"观念"。"结构建筑"将结构置于建筑学的范畴之中，将结构所具有的技术与艺术交织成建筑形态更加具有深度与广度的表现。

无论是从"结构设计"的"整体策略"，还是从"结构建筑学"的"观念"与"技术"相融合的视角，中小学校的建筑在空间类型与框架方面的统一性与对应性的特点，都是建筑与结构一体化的方法极其适合的研究对象。除去个别体育设施等大空间教室之外，走廊串联教室单元的线性行列式形体及其钢筋混凝土的梁柱框架，都面临着新的开放式教学模式与各种新的个性化教学方式的挑战。空间的变化意味着结构必须要为之作出相适应的改变，而两者之间的融合，将会为这种新的变化提供一个更具有前瞻性的整体构思。

1.3.2 融合结构技术的建筑设计类型

在上述针对中小学校建筑的空间与结构特征的分析中，我们不难发现学校建筑的空间类型与结构体系之间存在着一定的对应关系，我们可以将其认为是空间与结构的组合模式。这种在学校建筑中相对稳定的模式，为我们将其中的建筑与结构的一体化整合的设计策略的研究提供了极为合适的案例。并且，我们相信这些融合结构技术的建筑设计研究，也能够为学校建筑的空间创新提供更多的可能性。

为了使分析研究的对象更加具有针对性，我们去除了学校建筑中一些造型或空间形态上具有个性的体育馆、体操馆、报告厅等大空间，聚焦于与走廊串联单元教室的线性教学楼部分。这些教学楼是确立学校建筑整体性格的核心所在，也是学校建筑体现其空间特征的主要场所，它们的空间类型与结构体系之间的关系更紧密且相对应。

我们将从三个部分来分析中小学建筑融合结构技术的建筑设计方法。一是从学校建筑最为常见的框架结构体系出发，将其与学校建筑中最为常见的，也是作为最为重要的空间线索的走廊相结合，通过对走廊空间的开放性设计，同时满足框架结构性能提升。二是从垂直向的建筑与结构的关系出发，来分析在垂直向空间的设计与结构性

---

1 王骏阳. "结构建筑学"与"建构"的观点[J]. 建筑师，174，2015（4）：24.

能提升相结合的方法。三是从学校建筑的外围护体的设计中，来分析如何将其与提升结构性能的技术性相结合。我们希望通过这三个方面的阐述，能够由内而外、由表及里、由水平到垂直，在融合结构技术的建筑设计层面，对中小学建筑提出一套具有可操作性的创新策略。

第 2 章

水平向走廊空间与结构设计的融合

2.1 走廊空间的形态类型

不同中小学校建筑形态各异，这不仅是因为学校之间的教学需求不同。除去常规教室外，中小学校还有多样的功能空间与辅助空间，且其整体布局也与场地条件、规划限制等因素有密切的关系。因此，选取学校建筑中通用的走廊空间作为线索展开对水平向空间构成关系的研究。特别关注当下走廊空间的复合化转变趋势。

在《中小学校设计规范》GB 50099—2011中将建筑内主要功能空间分为教学用房、教学辅助用房、行政办公用房、生活服务用房以及用于通行与疏散的空间。在《中小学建筑设计》（第二版）中则是分为普通教室、专用教室、公共教学用房、办公用房、辅助用房以及交通空间。通过对两者功能空间定义的比较，可以发现前者的"通行与疏散空间"与后者的"交通空间"所描述的对象是一致的。前者将其进一步细分为建筑物出入口、走道与楼梯，后者则是分为走廊、门厅、楼梯，可以认为规范中的"走道"与后者的"走廊"相一致。《中小学建筑设计》（第二版）中将走廊定义为"联系同层各个房间的通道，形式有内廊、外廊，且内廊可分为中内廊及单侧内廊（暖廊），外廊可分为单侧外廊及双侧外廊"（图2-1）。

《中小学建筑设计》（第二版）在对走廊的功能性与空间性的描述中，表明走廊最初是作为单纯的交通空间所使用，用于满足交通疏散的要求。但在学校的不断发展中，走廊除交通功能外，还能实现交往、展示、储藏、丰富空间层次、再现的功能，相对应的空间特征也逐渐多样。而这种走廊内功能不断丰富的过程，便是走廊向复合空间不断转变的过程。两者不同在于，走廊以交通功能为主，其他功能如交往、展示等只是在其基础上的可能出现的附属产物，而复合空间是在具备交通功能的同时，必然存在一项或者多项的其他功能。由此，将复合空间定义为由走廊与其他空间两者组成，走廊是只具备交通功能的通道，其他空间则根据其容纳的一种或多种功能表现为不同形式，如带有展示橱窗的展示空间、配有休息家具的休闲空间等。因本文在对建筑要素思考的同时还需关注结构要素，因此其他空间容纳的其他功能不只有建筑使用

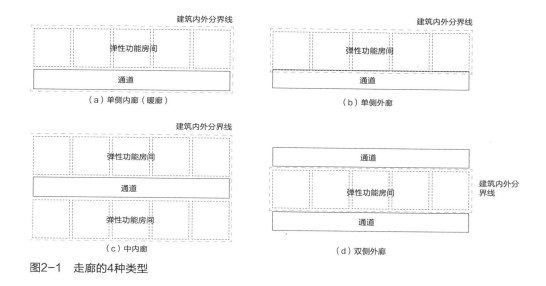

图2-1　走廊的4种类型

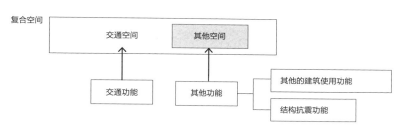

图2-2　复合空间的功能种类

功能，还有结构抗震功能（图2-2）。

　　走廊向复合空间的空间形式转化的讨论仍然是建立在框架结构的网格体系的基础之上，因此不管是新建设计还是基于既有学校的改造设计，都可通过对走廊的空间以空间边界的方式进行拆解，通过移动空间边界、改变空间边界要素、增加空间边界来增加功能空间。因此这种转化可能发生于走廊或非走廊区域，可能与走廊处于同层，也可能不同层，可能于建筑内部或外部。其他空间与走廊关系的建立主要表现为两者的空间边界有行为或者视线上的联系（图2-3）。

　　当下诸多优秀的学校建筑设计中，走廊空间已不再是单纯的交通空间，而是附加了多种功能的复合空间。分析这些走廊复合空间，需要将交通功能区域与其他功能区域进行拆解从而对走廊空间的复合转化方式进行解读与总结。以功能空间的形态特征为依据，将走廊复合空间分为四种模式，分别为：①节点状；②条状；③局部点状；

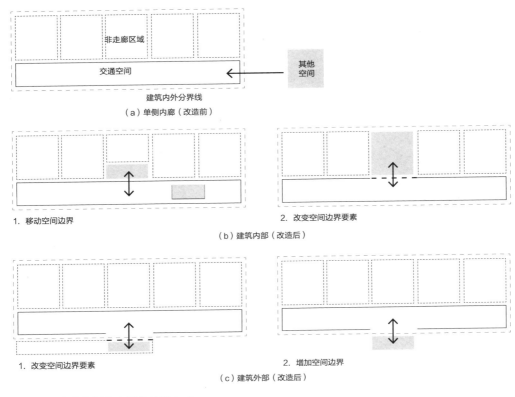

图2-3　走廊向复合空间的转换方式

④整体面状（图2-4）。

　　因为空间边界是对空间的限定，表现了空间范围与其他空间的关系，其主要通过设置实体要素而形成，由实体要素形成的视知觉感受进一步加强了空间边界的存在。通过改变实体要素可改变空间边界的强度。这些实体要素可分为结构要素与非结构要素，前者承担建筑的主要荷载，如梁、柱、剪力墙等；后者并不承担，如窗、分隔墙等。结构要素的设置主要出于结构需求，不能因建筑需求而灵活改变。由此建筑设计中常使用非结构要素界定空间边界。本章第3节便是希望打开这种限制，在理解结构要素的基本力学特征的前提下，以建筑美学的角度对结构构件进行理解，将其纳入走廊复合空间的设计过程之中（图2-5）。

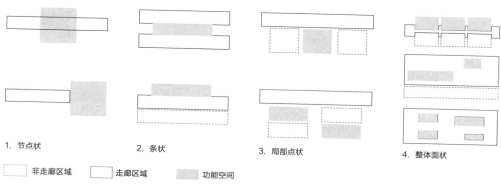

1. 节点状　　　　　2. 条状　　　　　3. 局部点状　　　　　4. 整体面状

┈┈┈ 非走廊区域　　──── 走廊区域　　▨ 功能空间

图2-4　走廊复合空间的四种模式

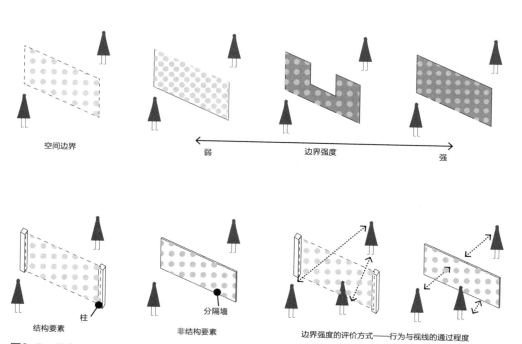

空间边界

弱　　　　　　　边界强度　　　　　　　强

结构要素　　　　　　柱　　　　　　　分隔墙　　　　非结构要素　　　　　边界强度的评价方式——行为与视线的通过程度

图2-5　界定空间边界的结构要素与非结构要素

2.2   走廊空间的结构补强方式

建筑设计方式虽因内部功能、使用方式不同而异，但不同功能建筑却可能是同一种结构体系，具有相同的结构要素。当下大部分中小学建筑都是框架结构，学校建筑设计各异，但结构补强方式的基本力学原理却是相同的。

框架结构的空间结构体中，由承重梁与柱、基础形成平面框架，相邻框架再由连系梁相连形成整体。楼板将楼面荷载传给承重梁，再由承重梁传至柱子，柱子传至基础，最后传到地基上。除竖向荷载外，建筑所受的水平荷载主要有风荷载与水平地震作用两种。当结构受到水平荷载时，结构内的竖向系统构件内部会产生较大的弯矩来抵抗水平力，因此竖向构件的数量和截面积非常重要。而框架结构中的竖向构件只有框架柱，数量与截面积都很小，这使得结构整体刚度较小。

大多数中小学建筑的纵向长度都比横向大得多。纵向框架相比于横向框架中有更多的框架柱与填充墙。框架结构中的填充墙虽然不同于抗震墙有较强的抗剪与抗弯能力，但仍有一定的侧向刚度，可以为框架分担部分水平荷载。在学校设计中，纵向框架内的填充墙多为走廊与教室的分隔墙或外立面墙，墙上多开洞，横向框架内的填充墙多为教室间的分隔墙，较为完整。有时会在框架结构中加入剪力墙，提高建筑的侧向刚度。这使得纵向框架虽比横向框架的刚度更大，但建筑整体的纵向刚度并不比横向刚度大很多。因此框架结构学校建筑的抗震加固，需对建筑结构各向刚度进行均衡性提高。

传统抗震加固技术主要有两个方向，提高承载力和提高延性。前者是通过提高结构的抗震性能，减少地震损伤和损失来实现抗震效果；后者是通过提高既有结构的塑性变形能力，增加其在地震作用下耗散的地震输入能，减小结构的地震反应。延性加固使得结构构件本身承受较大的地震损伤，这会造成较大的直接和间接经济损失。在提升承载力基础上派生出的新型抗震加固技术能更好适应功能可恢复性要求，应用更为广泛。相比较传统加固技术通过提高既有结构本身能力来抵抗地震作用，新型消能减震化加固方法则是通过在既有结构中增设消能减震装置，减少建筑体所受到的地震作用。

　　虽然不同加固工程根据自身建筑与结构问题所采用的具体施工方法各不相同。但从本质来看，具体的抗震加固技术都是在抗震加固原理的基础上进行变化的，抗震加固原理是抗震加固技术的出发点与加固目标，从根本上对补强结果产生影响。新建筑设计时，常通过加大梁柱截面积来提高建筑的抗震能力，这也是大多数学校建筑的梁柱体型较为粗壮的原因之一。虽然可以通过置入其他构件来承载水平荷载，但结构师根据力学原理增加的结构构件可能会与已有的建筑设计相冲突，需要与建筑师进一步沟通，这种方式会减缓项目进度，很少被采用。而在我国大部分对既有建筑进行改造的项目中，也多采用对梁柱构件加固的补强方法。这种方式可以尽量给建筑以"自由平面"。实际上，一些抗震补强构件的置入反而会给空间使用带来新的感受，给建筑设计提供新的思路。

　　新建建筑相比既有建筑改造在设计思路上所受的限制更小。新建建筑的结构大多是在建筑设计的基础上进行的整体设计，并与建筑设计部分互相沟通改进，是一种整体推导的过程，既有建筑改造看起来更像是在检测数据的基础上，在框架结构的网格中进行局部补强，从多个点部对整体进行影响。走廊空间在整个建筑之中是一种"普遍的局部"，它如同血脉一般深入肌体每一个角落，但不同区域的血管却又有着略微不同的形态。由此本文选择了结构补强方式作为走廊空间结构设计方式。探讨如何置入不同的抗震补强结构要素来获得不同的走廊空间。或许这种成品化构件对于新建建筑设计显得有些僵化，但不失为一种设计思路。

　　因此下文对抗震加固原理与技术的介绍中，更偏向于从建筑学角度，对结构要素在空间边界处的影响情况的分析，这是与本书第4章对建筑外结构体抗震补强方法分析不同的地方。而从抗震加固原理进行基础分类，则是为了便于读者掌握在不同结构构件要素背后的力学特征，更加清晰地了解其可使用的条件与情况。鉴于走廊空间的空间边界主要位于建筑内部与建筑表皮，文中所讨论的抗震加固技术多作用于框架柱、框架梁、承重墙与水平楼板处，基础部位的加固措施不予讨论（表2-1）。

抗震加固原理与技术   表2-1

抗震加固原理	抗震加固技术			结构要素的形态特征
提高承载力	（提高）结构的墙率（墙率：某楼层抗震墙面积之和与该楼层面积之比）	提高既有结构抗震墙抗震能力	增大（既有抗震墙）截面积	面型材
			闭合（既有抗震墙）开洞	
		增设抗震墙	整片抗震墙	
			框架柱两侧的翼墙	
	（置入）钢结构加固	钢支撑"直接连接"		线型材
		钢支撑框架		
	（置入）外附子结构	外附钢支撑		
		外附钢/混凝土框架		
		外附钢/混凝土支撑框架		
		其他		
提高延性	（加固）框架柱、梁	包钢加固、缠绕FRP加固、预应力约束加固		加强原构件形态
	（加固）柱、梁连接部位			
消能减震技术	（置入）阻尼器	支撑型		线型材
		剪切型		
其他（针对问题点的加固方法）	建筑轻量化			改变原空间形态

2.2.1 置入面型构件

对既有框架结构的补强，可以增大既有结构抗震墙的截面或者直接增设抗震墙或翼墙。这些做法都可以提高该楼层中抗震墙截面积之和，进而提高结构的墙率（某楼层抗震墙截面积之和与该楼层面积之比）。这些结构构件所体现的构件形态均为面型材，而翼墙相比于抗震墙大多面积更小，对原空间形态影响较小。

1. 闭合既有抗震墙开洞——改变外立面窗墙面积比

虽然剪力墙上开设门洞是为了满足建筑功能需求的常见操作手法，但洞口的位置、数量、均衡性都会对结构产生很大的影响。对抗震墙上的开洞进行闭合可以一定程度改善抗震墙的受力特征，但门窗洞的闭合会对邻近空间的流线组织、采光、通风等产生影响。布置于外立面上的抗震墙多开窗洞，多以点窗的形式存在。布置于内部的抗震墙多只开门洞。对既有抗震墙墙体开洞的闭合多发生于外立面的抗震墙上，原因在于窗洞的闭合对内部空间采光的影响可以通过其他方式进行弥补。而空间内部门洞对流线的组织可能具有唯一性，不便通过其他方式进行解决（图2-6）。

2. 增大既有抗震墙截面积——成为外立面的新造型

增大既有抗震墙截面积可以在不影响墙上门窗洞使用的前提下，提高墙体的承载力（图2-7a）。截面积的增大会占用一定的内部空间，一定程度上会影响墙体的视觉形态。当墙体在内部空间时，会通过构造层面或者家具布置来遮蔽墙体的变化，如静冈县清水町三得利中的货架区（见2.3节设计方法1）。而千叶县鸭川市医疗法人明星会东条医院中的墙体经过后期构造层面的处理，加固结果对空间效果无较大影响（图2-7b）。当然这样的"无影响"是基于既有空间尺度较为宽敞的前提。若室内空间本身较为拥挤，那么即便只是墙体的增厚也会对空间使用造成影响。

当加固的抗震墙为外立面时，便可将加厚部分移至室外空间中，避免对室内空间产生影响。增加的墙体部分会增加整体结构所承受的竖向荷载，因此墙体的加固是有选择地部分加固。外立面墙体的部分加厚改变了外立面形态，可以通过再设计使得加厚部分成为造型的一部分。有马酒店便利用了这样形态上的变化，使用不同材质突出了加厚部分，并将酒店的招牌布置于其上，使其成为外立面上的视觉焦点（图2-7c）。

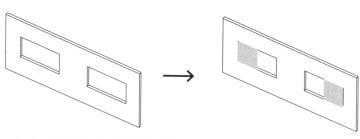

图2-6　闭合抗震墙开洞的做法图示

ANA长崎格莱巴皇冠广场酒店的外立面并不是整片墙体，而是由竖向墙体与竖向窗并列排布构成。这样的墙体彼此之间由非结构构件相连，整体并不能起到抵抗水平荷载的作用。在加固过程中，为了保留既有建筑的外立面形象，增加的墙体与原墙体形态相同，位于竖向窗之间。同时，增加了可传递水平荷载的钢板短梁位于墙体之间。这使得加固墙体从结构角度上不再独立存在，而是以整体的状态承受水平荷载（图2-7d）。

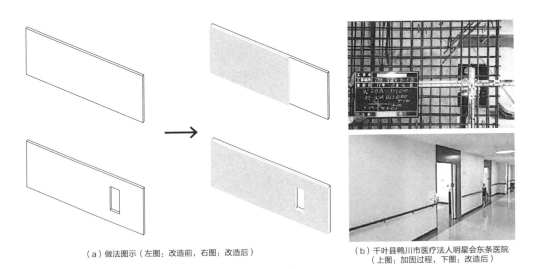

（a）做法图示（左图：改造前，右图：改造后）　　　　　　（b）千叶县鸭川市医疗法人明星会东条医院
（上图：加固过程，下图：改造后）

（c）有马酒店（左图：改造前，右图：改造后）　　　　　　（d1）ANA长崎格莱巴皇冠广场酒店（改造后）

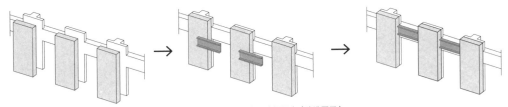

（d2）ANA长崎格莱巴皇冠广场酒店（改造图示）

图2-7　增大抗震墙面积的做法图示与实例图片

3. 增加翼墙——部分影响内部空间流线/改变外立面窗墙效果

翼墙加固，特别是加固框架柱是一种比较常见的加固工艺。翼墙是指在柱侧增加短肢剪力墙，使柱形成带翼缘的构件，有一字形、L形和T形[1]。翼墙与框架柱共同承担水平荷载，甚至允许在地震作用下首先开裂来消耗地震能量（图2-8a）。虽然翼墙作为部分的抗震墙不如整片抗震墙的加固效果，但却能有效提高框架柱的抗侧刚度，且避免了整片墙体对空间效果的影响。由此在内部空间中，结合空间流线翼墙可以实现更为灵活的布置。

布置于外立面上的袖壁除了布置于框架柱两侧外，还可以以外附抗震墙的形式附着于框架柱外侧，不局限于楼层高度，以一种竖向整体的方式加固位于同一平面位置的不同层的柱子。NTT大通四丁目大楼框架柱外附的竖向条状翼墙在窗间墙处规律排列。新旧部分的凹凸变化丰富了外立面的造型层次，强调了竖向形态，从而使得建筑看起来更加挺拔（图2-8b）。但大部分外立面袖壁的增设还是分层布置，这种局部针对性加固的方法更加灵活、经济。这种加固方法在学校中应用较为普遍，这是因为

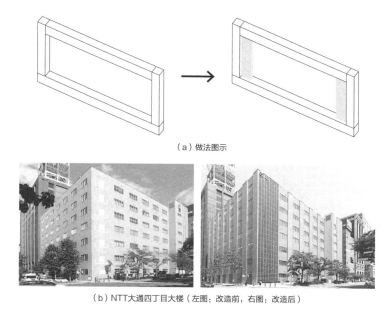

（a）做法图示

（b）NTT大通四丁目大楼（左图：改造前，右图：改造后）

图2-8　增加翼墙的做法图示与实例图片

1　张鹏程，袁兴仁，林树枝，古玉霞. 翼墙在中小学校舍抗震加固中的应用[J]. 建筑结构，2010，40 (S2)：47-50.

学校建筑外立面上的窗户多采用水平长窗或大面积开窗，大部分窗户与框架柱直接相连。整体外立面抗侧能力较小，相较于增设整片抗震墙和外附钢结构的做法，翼墙对视线、采光的影响最小。如鹤町立半田小学管理教室楼（见2.3节设计方法13）。

4. 增设抗震墙

1）隐藏墙体

整片抗震墙布置于框架柱之间，其作为面型材会对空间的使用产生较大的影响。在布置的过程中，常布置于空间边侧，或是由整片墙体分隔空间的边侧，比如辅助空间与交通空间。抗震墙除了常见的钢筋混凝土墙体外，还有钢结构墙体，在布置的时候使用"隐藏"的手法可减小对空间的影响。竹中研修所匠新馆采用了两种钢板墙体，钢结构砌块墙与波形钢板墙，但都布置于空间边侧（图2-9a）。早稻田大学二号馆将其与家具结合设计（见2.3节设计方法2）。

2）"暴露"墙体改变空间流线/形态

抗震墙的布置平面上需综合考虑既有建筑自身的受力特征，使结构各主轴方向的侧向刚度相近，因此需要均衡布置。这使得有些墙体不可避免地"暴露"在视线之下，改变所在空间的形态。由此结合新墙体的位置调整原空间的流线，可以一定程度上减小对空间使用的影响。或者在抗震墙上布置门窗洞，形成新的空间效果。如神奈川县藤泽市藤泽市民会馆中楼梯空间的设计（见2.3节设计方法4）。鹤町立半田小学管理教室楼则是将部分外立面更换为有局部开洞的抗震墙。因为开洞面积较小，不如原外立面的采光效果，因此只局部采用，与其他大面积开窗的立面形成虚实对比变化的立面效果（见2.3节设计方法6）。德岛县乡土文化会馆亦是局部点窗（见2.3节设计方法16）。

3）网格状墙体

相比于局部开洞的抗震墙，网格状墙体的视觉效果更加通透，且形态更加统一，便于组合形成整体效果。由钢板构成网格状墙体是将整面墙整体承受的荷载均匀分布在每个小的网格之中（图2-9b）。钢板与网格互相交错的变化关系使得墙体本身便有着独特的视觉效果。四国银行总店与名古屋中心大厦都塑造了不同立面造型（2.3节设计方法9与2.3节设计方法8）。

由斜撑杆件构成的网格状墙体相比钢板网格状墙体，显得更加轻薄。钢结构杆件与玻璃的配合使得墙体的通透感更强。在霞关共门中央合同厅舍第7号馆、港区立乡土历史馆等复合设施、千叶县农业会馆本馆楼中有着充分体现（见2.3节设计方法

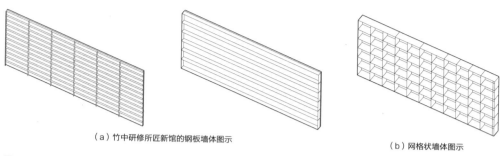

（a）竹中研修所匠新馆的钢板墙体图示　　　　　　　　　（b）网格状墙体图示

图2-9　增设抗震墙的做法图示

18）。而高知县立县民文化厅与鸟取县政府大楼则使用了钢筋混凝土的杆件，有着不同的视觉效果（见2.3节设计方法20）。

2.2.2　置入线型构件

抗震墙与翼墙作为面型材对空间形态影响较大。在现代建筑更加提倡自由平面与流动空间的背景下，线型材的使用可以更好地适应空间需求，减少对空间功能使用的影响。常见的线型材多为钢结构构件，它们或作为框架，或作为斜撑。可以布置于建筑内部，位于框架构件的网格中，也可以布置于建筑立面外侧，贴附于框架结构之上。而从抗震加固技术来分，主要有钢支撑框架、外附子结构与中间层消能减震装置三种。钢支撑框架多用于建筑内部，而后两者多位于建筑立面侧。

1. 钢支撑框架

钢结构对框架的加固原理与抗震墙是相同的，都是增强框架的承载力。其主要由两部分组成，周边的钢框架与之中的钢斜撑。斜撑往往具有较大的抗侧刚度和承载力，主要承受轴力，与抗震墙受力状态不同。因此，当钢支撑直接与周边混凝土构件连接时，斜撑会对连接部位有集中拉力的作用，易引起周边构件的局部损伤。且这种集中拉力也使得两者难以直接相连。因此常使用钢支撑框架来作为钢支撑与周边混凝土构件的中间体，它将斜撑的集中力均匀传递给周边构件，实现界面传力。常见的钢支撑框架形式有单斜撑、V形或倒V形支撑以及加腋支撑（图2-10a）。

1）"暴露"框架改变空间视觉形象

从建筑设计的角度来看，钢支撑框架的出现很大程度上提高了抗震加固工作的灵活性。特别是对于需要有灵活空间或充足采光的场合，比之只能局部开洞的抗震墙，作为线型材的钢支撑框架更具有优势。很多场合下钢支撑框架是被直接使用的，暴露于视线之下，如福冈公园、新潟县新潟市弁天广场大厦、鸟取县鸟取市鸟取县立中央医院本馆、千叶县鸭川市医疗法人明星会东条医院（见2.3节设计方法23）。熊本县山鹿市温泉广场亦是如此，框架内的斜撑极富有方向性，打破了原空间较为沉寂的气氛（图2-10b）。静冈县三岛市三岛市民体育馆对钢支撑框架的表现则更加积极主动（见2.3节设计方法22）。

　　钢支撑框架虽然不影响视觉的穿透，但并未达到行为通过的完全畅通，常会布置于空间的边界来减少对流线的影响。在和歌山站大厦、和歌山县南部町国民宿舍纪州路南部、高岛新桥店中的表现又略有不同（见2.3节设计方式5）。

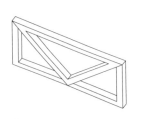 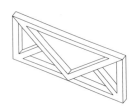 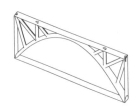

（a）钢支撑框架三种形式的做法图示

（b）山鹿市温泉广场（改造后）

（c）群马县立近代美术馆（改造后）

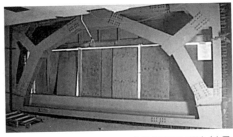 

（d）秋田CALL酒店（左图：改造过程，右图：改造后）

图2-10　增设钢支撑框架的做法图示与实例图片

钢支撑框架的不便畅通性主要是因为从角点出发的斜撑限制了可通过区域的范围。奈良近铁大楼的层高较高，缓解了这一问题（见2.3节设计方法2）。其他情况下，可使用加腋支撑来解决普通斜撑通过不便的问题。如东京都新宿区伊势丹总店新馆与福岛县岩木市SPA度假村（见2.3节设计方法1）。而在北九州市立户畑图书馆与浅草EKIMISE还纳入了拱结构（见2.3节设计方法8）。

但有些情况下，为了尽量维持原建筑的空间形象，只使用框架杆件进行加固。如自由学园初等部食堂楼（见2.3节设计方法12）。而大阪成蹊学园高等学校1·2号馆使用的外部安装办法更是将其对学校的影响降至最低（见2.3节设计方法7）。但在群马县高崎市群马县立近代美术馆中，钢结构框架是对玻璃幕墙部分进行加固，H型钢杆件的布置方式便与上述案例略有不同，但都是为了从更有利于表现原空间形象的方向做出改变（图2-10c）。

2）隐藏框架塑造新的空间形态

对加腋支撑的构件部分的遮蔽可以在维持通过性的同时，减少构件形态对空间形象的影响。福岛县岩木市SPA度假村中还将其设计为拱门（见2.3节设计方法3）。同样为拱门造型的秋田县秋田市秋田CALL酒店中却是不可通过的橱窗效果（图2-10d）。有马酒店则与功能结合，更加巧妙（见2.3节设计方法11）。

相比于使用混凝土过分遮蔽结构本身的做法，和歌山县民文化会馆结合了玻璃，更加通透（见2.3节设计方法14）。

2. 外附子结构

外附子结构的加固原理与构造方法与上文所述的增设抗震墙与钢支撑框架具有共通性，不同点在于这种加固方式体现了"不入户加固"的思想，即加固施工作业只在建筑外部进行，不对建筑内部的使用产生影响，不需为了施工而移动房间内的物品，加固结果也不会对房间内部装修、环境造成过多影响，使得加固施工可以与建筑物的使用同时进行，进而提升了经济效益。这也是日本建筑结构抗震加固技术发展的最主要趋势。外附子结构多布置于结构纵向，即开窗方向。外附钢支撑、外附纯框架（钢/混凝土）、外附支撑框架（钢/混凝土）等是三类常见的形式。与上文叙述的几种钢支撑框架相比，构件的形态是十分相近的，最大的不同点便在于外附子结构只存在于建筑外部（图2-11a）。

1）外附钢支撑——第二层立面

外附钢支撑与另外两种框架形式相比，构件数较少，且主要构件多为钢管材。整个结构形态更加轻盈。"悬挂"于立面外侧的支撑构件像是面纱一般蒙在建筑之上，形成了第二层立面。也正如面纱一般，倾斜的构件会对采光与窗户视野有轻微影响。但东京工业大学绿之丘1号馆立面外的外附钢支撑结构却放大了这一"缺点"，在钢支撑上悬挂了水平向遮阳构件与喷有图案的玻璃面板。喷绘玻璃板与水平向遮阳构件共同构成了遮阳系统，不仅弱化了南向教室承受的夏日阳光，且虚实变化的形态丰富了建筑立面效果。水平向的遮阳构件与倾斜网格状的支撑杆件共同形成了1号馆的第二层立面（图2-11b）。

2）外附纯框架——立面形态的强化

相比于其他两种结构，外附纯框架没有斜向的支撑杆件，且框架尺寸可以根据被加固建筑的框架形式进行调整，这不仅避免了斜撑对窗户视野与采光的影响，且对原框架形态的"重复"也可强化立面形态，如神户海星女子学院初高中、大阪女学院大学与新瓦町大厦（见2.3节设计方法2）。但近铁总公司大楼的外附子结构则更像是对原立面的直接复制与粘贴（图2-11c）。

与增设抗震墙相同，外附子结构自带的重量同样会增大既有建筑的竖向荷载，其布置同样需要遵循适用、经济的原则。市川市立第八中学校使用的Master Frame法在学校改造中较为常见（见2.3节设计方法1）。同样只是在局部立面外附子结构，明治大学贺本坎分校的外附区域更加完整，且对称布置与原立面均质特征更加相符（图2-11d）。虽然无法确定外附结构如此规则的排布是出自结构需均匀加固的需求还是建筑审美，但这也正体现了建筑与结构存在的一体化特点。一般的加固框架都以整体的状态在外立面上进行附着，这样强化的立面效果也更像是面状的改变。但KOKUYO总公司总部大楼采用的Steel Ivy加固方法，却是将每个框架单元分别对待。根据其位置赋予不同的颜色，使得对立面的强化效果更加可控（图2-11e）。

不同于混凝土框架的杆件形态能与外立面形态更好地取得统一，钢框架的杆件附着于外立面之上，则显得更加不同。新潟市东急ING虽然给钢框架喷涂了与原立面相近的颜色，但从立面效果来看仍十分明显（图2-11f）。但千叶县农业会馆本馆楼的钢框架却为立面形态增添了工业气息，更富有现代感（图2-11g）。这样的结果一方面是因为原建筑立面只有框架与玻璃窗，框架的重复不会增添新的元素，另一方面原因在于钢结构杆件自身的工业气息与冷色调更为相搭。

3）外附纯框架——赋予立面的新功能

不同于外附钢支撑与立面在形态上的不连续，外附框架部分更容易与立面形态建立联系，甚至是立面形态的延伸。在此基础上，通过附着其他构件或者对框架构件进行变形，可以赋予立面新功能的同时，继续两者形态上的联系。银座翔光大厦在外附框架构件上设置了钢构件的水平向遮阳窗（图2-11h）。清风学园则利用了外附框架构件自身的厚度实现了遮阳效果（图2-11i）。

4）外附支撑框架——改变立面形象

外附支撑框架作为支撑构件与框架构件的结合体，其对立面形象的影响也更像是两者的结合。和歌山站大厦外附支撑框架的使用是常规做法，最终的立面形象也难以说具有多大的设计价值。但上野大厦却充分利用了斜撑构件的形态特点，像是三段连续的折线串起每层的楼板。还将立面改造为玻璃幕墙，更加凸显斜撑构件的视觉效果（图2-11j）。与之相比，浜松sala的支撑框架没有局限在某一个立面上，而是如同彩带一般环绕整个建筑，对整体建筑的立面形象做出改变（图2-11k）。

5）其他外附结构体——改变建筑形体

有时外附子结构过重或者与既有结构距离较远时，便需要为外附子结构单独设置基础。由此当外附子结构不只是附着于立面上的一个"面"，而是一个具有独立基础的结构体。如冈山县综合福祉（见2.3节设计方法11），埼玉县本厅舍与第二厅舍（见2.3节设计方法17）。神户商船三井大厦的外附结构体则表现得更为"低调"，藏于建筑背部。可能因为不会被看到，所以构件形态完全是出于结构的考虑，与既有建筑的形象完全是两种风格（图2-11-l）。四街道五月天幼儿园的外附结构体与冈山县综合福祉相似，即在原建筑体两侧布置外附结构（见2.3节设计方法10）。

3. 中间层减震

消能减震装置在日本建筑中被大量应用。都是通过使用增设构件耗散地震作用能量，进而减少建筑所承受的荷载。常见的装置是外附于建筑的支撑型与剪切型阻尼器，它们对建筑立面形象有直接影响。而基础与中间层减震，则是在基础与建筑间，建筑中间层的框架柱上安装消能装置，使得建筑在地震作用下不会出现较大位移，进而引发变形（图2-12a）。

1）改变外立面形象

支撑型构件与上文所述的钢支撑框架较为相像，是在框架构件中有斜撑杆件，只是斜撑杆件发挥的作用不再是轴力支撑，而是轴力变形耗散能量。框架构件易与常规立面形态实现统一融合。斜撑构件不仅在立面上比较突出，且会对视野与采光有轻微影响。如北九州索雷尔大厅、若叶台团地公寓3-4与东京都板桥区莲根法米尔海茨内庭院中都有不同表现（见2.3节设计方法15）。奥村久美高木宿舍更是利用支撑构件改

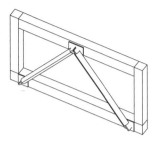 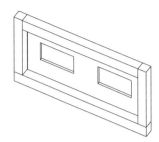 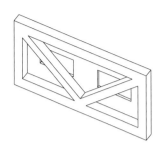

（a）钢支撑框架三种形式的做法图示
[左图：外附钢支撑，中图：外附纯框架（钢/混凝土），右图：外附支撑框架（钢/混凝土）]

（b）东京工业大学绿之丘1号馆
（改造后）

（c）近铁总公司大楼
（改造后）

 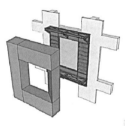 

（d）明治大学贺本坎分校
（改造后）

（e）KOKUYO总公司总部大楼
（左图：改造原理，右图：改造后）

（f）新潟市东急ING
（左图：改造前，中图：改造后，右图：局部构造）

（g）千叶县农业会馆本馆楼
（改造后）

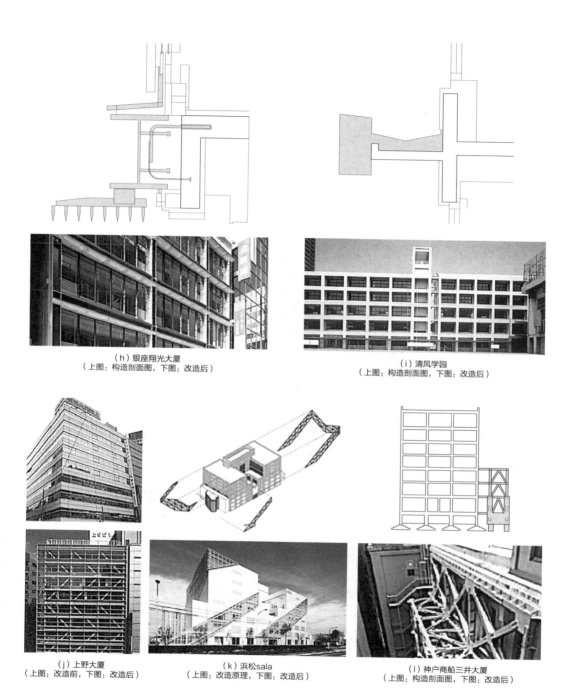

（h）银座翔光大厦
（上图：构造剖面图，下图：改造后）

（i）清风学园
（上图：构造剖面图，下图：改造后）

（j）上野大厦
（上图：改造前，下图：改造后）

（k）浜松sala
（上图：改造原理，下图：改造后）

（l）神户商船三井大厦
（上图：构造剖面图，下图：改造后）

图2-11　增设外附子结构的做法图示与实例图片

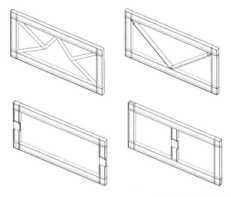
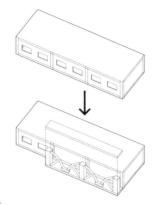

（a）中间层减震多种形式的做法图示

（b）奥村久美高木宿舍（改造后）　　　　　　　　（c）静冈县厅东馆及西馆（左图：改造前，右图：改造后）

（d）静冈县下田市伊豆急本馆酒店（左图：改造前，右图：局部改造）　　　　（e）日本梅克斯总部大楼（改造后）

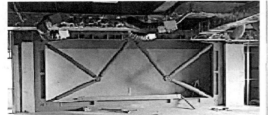

（f）兵库县神户市中央图书馆（左图：改造过程，右图：改造后）

图2-12　中间层减震的做法图示与实例图片

变立面形象，将原部分框架单元内的填充墙全部去掉，由支撑构件自身表现立面形象（图2-12b）。

　　与之相反的是静冈县厅东馆及西馆，它回避了原立面与支撑构件形态造成的差异，利用了建筑形体特点，将支撑构件相对于立面独立设置，单独表现其自身形态，不需考虑两者的结合问题（图2-12c）。而静冈县下田市伊豆急本馆酒店回避的态度则更为直接，将构件布置于建筑背部靠近山的一侧，一方面不影响主立面形象，另一方面不会给客人眺望大海的视野带来阻碍（图2-12d）。

　　剪切型附柱的阻尼装置所表现出来的形象与上文讨论的外附钢框架极为相似，比如笹冢的集体住宅与西松建设住宅以及大阪（丰田）大厦（见2.3节设计方法12）。

　　2）改变空间使用方式

　　通常位于内部空间的支撑构件都被置于空间边界处，从而降低其对空间流线的影响。日本梅克斯总部大楼中的支撑构件甚至没有进行"遮挡"，将构件完整清楚地暴露在视线之下（图2-12e）。但在兵库县神户市中央图书馆中，部分构件被置于辅助空间如仓库之中，不被外界所看到，部分构件位于使用空间中，但却将其视为一种划分空间的方式，将构件附近空间功能化（图2-12f）。

2.2.3　加强原构件形态

1. 提高框架柱、梁的延性——根据需求调节构件形象

　　提高结构的延性，是希望通过提高结构的塑性变形能力，使其能够在地震作用下耗散更多的能量，进而减小结构对地震的反应（图2-13a）。常见的做法便是在梁、柱这两个构件外侧包裹混凝土、钢板或是纤维材料等。这几种加固手法虽然使用材料与施工方法不同，但对构件的形态影响都是增大了构件的截面积。如果构件所在环境的空间较大时，常会在加固层外再包裹装饰层。ANA长崎格莱巴皇冠广场酒店大厅内的柱子经过混凝土包裹后，较大的形体给大厅一种压抑感。设计师结合灯光与导光材料不仅使柱子从视觉上显得更加轻盈，而且结合其强烈的存在感设计为视觉的焦点（图2-13b）。云雀丘住宅更新的加固却是"减小"截面尺寸。为了将原建筑的小空间扩展为大空间，不仅将分隔空间的填充墙撤去，还将同一位置的袖壁与连系梁撤去。为了弥补撤去构件对结构的影响，增设了扁平梁。这使得相邻空间的连通性更强（图2-13c）。

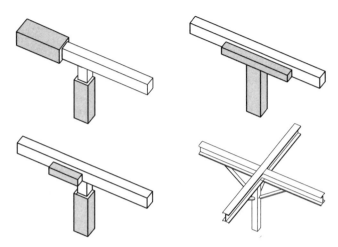

（a）加强框架梁、柱的做法图示

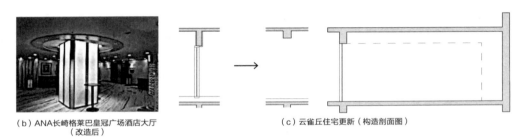

（b）ANA长崎格莱巴皇冠广场酒店大厅
（改造后）

（c）云雀丘住宅更新（构造剖面图）

图2-13　加强框架梁、柱的做法图示与实例图片

2. 加强框架柱与梁的结合部

结合部的加强从形体变化来看就是增大梁与柱相连接的面积。静冈县清水町三得利使用HP施工法直接加固（见2.3节设计方法19）。笹冢的集体住宅则置入了斜撑（见2.3节设计方法6）。

2.2.4　改变原空间形态

上文所述的加固技术大部分都是通过增加构件来提高建筑的抗震能力，但同时还需要考虑增设构件对建筑体带来的负担。建筑轻量化是通过去除建筑部分体量，从而减轻建筑负担，改善建筑形体关系来提高建筑的抗震能力（图2-14a）。滨松市好时节酒店原建筑除了低层裙房外还有高层客房。高层客房不仅为底层结构带来大部分竖向荷载，而且也更容易受到水平荷载的影响，有一定地震隐患。在酒店经营规划的调整下，高层建筑部分被拆去，改善了建筑形体关系，使得建筑整体更加稳定（图 2-14b）。白井市政府大楼与爱农学园农业高等学校本馆则是撤去楼层改造成不同形态的屋顶（见2.3节设计方法21）。

这种加固技术的进行并没有增加新的结构构件，反而是减少原建筑的结构构件。去除内容为建筑的部分空间体量，很难定义为可以形成空间边界。但若去除的是部分楼板或者屋顶，从对原空间边界的影响结果来看，可认为生成了视线可通过的空间边界。

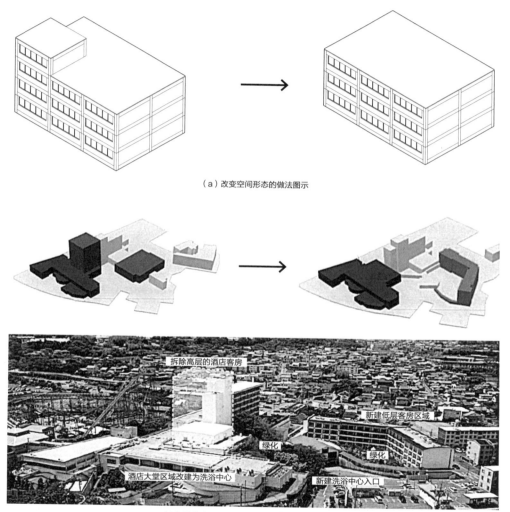

（a）改变空间形态的做法图示

拆除高层的酒店客房

新建低层客房区域

绿化

绿化

酒店大堂区域改建为洗浴中心

新建洗浴中心入口

（b）滨松市好时节酒店（上：改造图示，下：改造后实景）

图2-14　改变空间形态的做法图示与实例图片

2.3 走廊复合空间的形态与设计方法

本节通过分析走廊复合空间中走廊区域与功能空间的平面构成关系，对不同形态特征的走廊复合空间予以分类。并以常见的中部内廊，两侧为教学空间的平面关系为基本形态，在此基础上进行再设计，使略为单调的走廊空间转变为走廊复合空间。值得注意的是，在此过程中，除却常规意义上的建筑设计手法，还加入了结构构件的使用。这是建立在本章第2节中对结构构件的力学原理、形态特征与运用场合的统一认知的基础上实现的。因此在每一条设计方法后都同时介绍了所使用的结构构件在实际案例中使用的效果，力学原理见2.2节。

2.3.1 节点状功能空间

在走廊复合空间的构成模式中，功能空间主要以节点的形式存在于走廊的端部或中部。节点形态的功能空间突破了通道空间的限制，可使用的空间范围更大。根据功能空间与走廊的构成关系可分为6类，①功能A+走廊+功能B；②功能A+走廊+功能A；③走廊+功能+走廊；④走廊+端部的功能空间；⑤走廊+功能A+功能B；⑥走廊+功能A+走廊+功能B。

1. 功能空间位于走廊中部

形态上表现为走廊的局部变大，范围可大可小。但节点的功能空间并没有强调走廊的方向性，反而是为走廊中的动态行为"按下暂停键"，是在走廊基础上静态环境的横向扩展。进一步细分为3类，①功能A+走廊+功能B；②功能A+走廊+功能A；③走廊+功能+走廊（图2-15）。这三类空间的主要差异点在于节点空间的开放度，主要是与走廊相接的边界a，①中除完全开放的情况外，还有开玻璃窗的实墙，或者完全封闭的实墙。而②与③基本都是可行为通过的分隔。与室外相接的边界c，这3类基

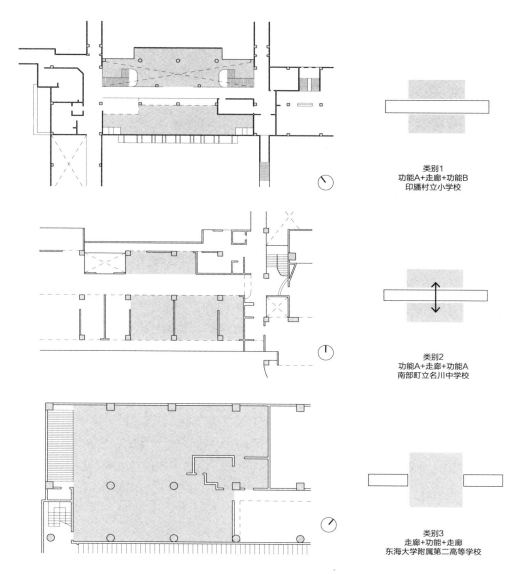

类别1
功能A+走廊+功能B
印旛村立小学校

类别2
功能A+走廊+功能A
南部町立名川中学校

类别3
走廊+功能+走廊
东海大学附属第二高等学校

图2-15　功能空间位于走廊中部的类别图示与实例平面

本都是开玻璃窗的实墙。与两侧空间相接的边界b主要是实墙，只有个别会根据需求
有所开洞。

设计方法1

　　结合这些边界特点，可以在边界a处置入加腋支撑形式的钢结构支撑，并结合家
具或可移动的隔断构件如书柜或者滑动门等共同使用，在划分单侧功能空间的同时，

还能将其向走廊尽可能开放，获得两侧复合空间的联系；边界b可由增大墙体截面积的结构要素或者增设的抗震墙形成，明确划分功能空间与两侧空间的关系；边界c处可置入外附混凝土支撑框架，玻璃窗可结合框架位置来具体安排，减少结构要素对窗外视野的影响，而支撑框架的形式语言对外立面形象影响也较小（图2-16a）。

结构构件的应用案例：

1）加腋支撑形式的钢结构支撑（提高结构承载力）

——东京都新宿区伊势丹总店新馆和福岛县岩木市SPA度假村

虽然加腋部分形式略有不同，但主斜撑都被"优化"为拱形，拱形的曲线形态扩大了通过范围，使得该构件的使用更为灵活。改善了从角点出发的斜撑对可通过区域的限制（图2-16b）。

2）增大墙体截面积（提高结构承载力）

——静冈县清水町三得利

加固后的墙体在货架的遮蔽下，其形态的变化对空间效果没有造成影响。当然这样的"无影响"是基于既有空间尺度较为宽敞的前提。若室内空间本身较为拥挤，那么即便只是墙体的增厚也会对空间使用造成影响（图2-16c）。

3）置入外附混凝土支撑框架（提高结构承载力）

——市川市立第八中学校

外附子结构存在于局部立面，外附部分只是框架本身，没有填充墙部分，最终的立面效果更像是只对框架部分的强化。这种Master Frame的加固方法在学校补强作业中较为常见。外附纯框架可以在工厂内预制完成，预制构件通过锚栓与既有建筑相连。整个加固过程耗时短、噪声小，教学可以与施工同时进行（图2-16d）。

2. 功能空间位于走廊端部

常位于建筑体的边界处，所以多以大空间的形式出现，功能与其他区域也相对独立。进一步细分为3类，①走廊+端部的功能空间；②走廊+功能A+功能B；③走廊+功能A+走廊+功能B。这三类空间的差异点在于对端部大空间的再细分程度不同。因空间体量较大，除某些特定功能如舞蹈、游戏等需要统一大空间外，其他如教学、讨论等虽处于同一空间下，仍需要进行分隔，内部也存在边界。它们根据功能需要表现不同的开放性（图2-17）。

与走廊相接的边界a必然是行为可达，且开放度较高，增加被感知度。若空间功能为游乐休闲性，对私密性要求较低，则多为完全开放，若功能对噪声影响有所要空隙，可结合书架或置物架共同设计，使得边界b的形象更加自然。边界c处，可使用与开窗造型相同的外附混凝土框架，强化立面形态的同时提高抗震能力。若条件允许，可适度增加外附框架的厚度，进而发挥遮阳的作用（图2-18a）。

结构构件的应用案例：

1）钢结构支撑（提高结构承载力）

——奈良近铁大楼

其层高较大，柱间距较大，这使得斜撑与地面的交角更大，斜撑下可通过区域更广。在这个开敞大空间中，钢管构件反而起到了对空间的弱划分作用，丰富了空间层次（图2-18b）。

2）增设抗震墙（提高结构承载力）

——早稻田大学二号馆

布置于空间边侧的钢结构墙体，将常使用的面材结构变为空间结构，不仅改变了面材不可透光的缺点，还利用结构自身的空间性改造为书架使用。这种空间结构由不同部分的组件构成，可分步搭建，更加便于室内施工（图2-18c）。

3）置入外附混凝土支撑框架（提高结构承载力）

——神户海星女子学院初高中与新瓦町大厦

外附框架尺度较大，覆盖了原四层建筑一到三层的立面，且外附结构与原立面颜色相近，最终呈现出的立面效果十分自然，仿佛是统一设计的结果。不同于以上几个案例是对原立面形态的整体强化，新瓦町大厦的外附子结构在加固的同时，只单独强化了立面的竖向形态（图2-18d）。

设计方法3

大部分情况下，端部空间与两侧空间相接的边界b与梁的位置相对应。某些特殊情况下，会调整边界b的位置，改变复合空间的面积。由两侧空间的功能关系决定边界b为墙体或局部开洞的墙体。此时，在梁下使用有加腋支撑或翼墙支撑的钢结构框架，联系两侧空间，并进行弱的空间划分（图2-19a）。

结构构件的应用案例：

设置加腋支撑框架（提高结构承载力）

——福岛县岩木市SPA度假村

对加腋支撑的构件部分的遮蔽可以在维持通过性的同时，减少构件形态对空间形象的影响。福岛县岩木市SPA度假村使用混凝土将钢结构进行遮蔽，将主斜撑的曲线形态进一步表现为优美的拱门。拱门构件有规律的布置赋予了空间新的秩序感（图2-19b）。

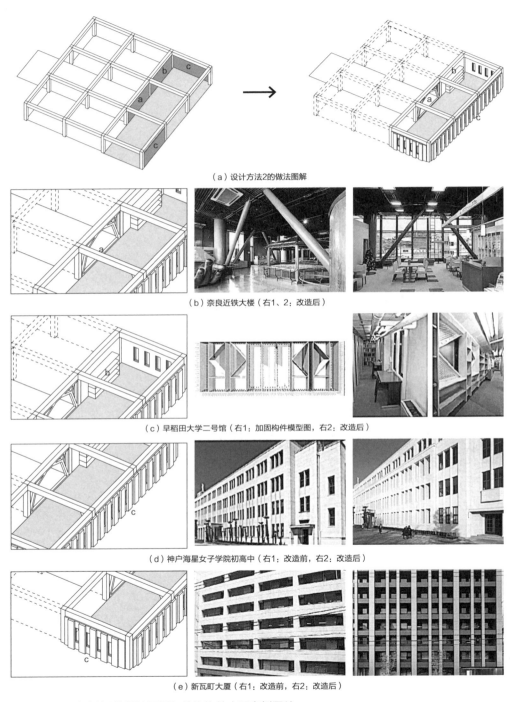

（a）设计方法2的做法图解

（b）奈良近铁大楼（右1、2：改造后）

（c）早稻田大学二号馆（右1：加固构件模型图，右2：改造后）

（d）神户海星女子学院初高中（右1：改造前，右2：改造后）

（e）新瓦町大厦（右1：改造前，右2：改造后）

图2-18　设计方法2的做法图解与结构构件应用案例图片

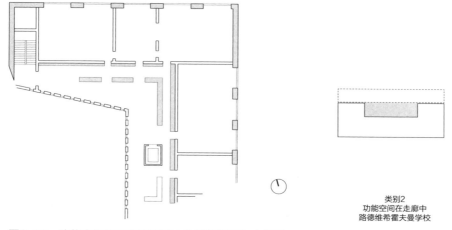

类别2
功能空间在走廊中
路德维希霍夫曼学校

图2-23　功能空间位于走廊区域内的类别图示与实例平面

结构构件的应用案例：

1）设置抗震墙（提高结构承载力）

——鹤町立半田小学管理教室楼

鹤町立半田小学管理教室楼将部分外立面更换为有局部开洞的抗震墙。因为开洞面积较小，不如原外立面的采光效果，因此只在局部采用，与其他大面积开窗的立面形成虚实对比变化的立面效果（图2-24b）。

2）加强框架柱与梁的结合部（提高延性）

——笹冢的集体住宅

笹冢的集体住宅是对室内梁柱结合部进行加强。常规做法为使用钢板、混凝土或者纤维材料直接对连接部进行加固，使得结合部变得更大。与之相比这种斜撑杆件则显得更为轻巧，也是对柱子形态的一种丰富（图2-24c）。

3. 功能空间位于走廊、非走廊区域之间

位于走廊、非走廊区域中的功能空间更加强调其本身成为划分前两者的边界，一种空间形式的边界，这种多以嵌入墙壁中的储藏柜、休息座椅、教师休息角的形式存在。这种比起上文提到的沿着走廊展开的功能空间，对走廊的通行影响更小。其面积因纳入的功能不同而有所差异（图2-25）。

设计方法7

若该功能空间为嵌入墙壁的储物柜或者嵌入式座椅，则可在空间内部的梁柱间置

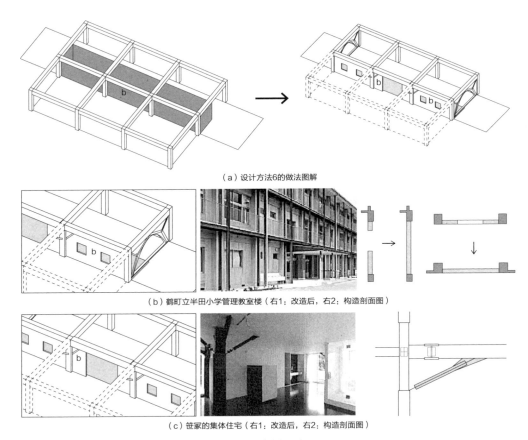

（a）设计方法6的做法图解

（b）鹤町立半田小学管理教室楼（右1：改造后，右2：构造剖面图）

（c）笹冢的集体住宅（右1：改造后，右2：构造剖面图）

图2-24　设计方法6的做法图解与结构构件应用案例图片

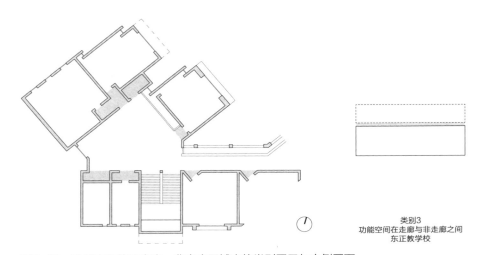

类别3
功能空间在走廊与非走廊之间
东正教学校

图2-25　功能空间位于走廊、非走廊区域内的类别图示与实例平面

入钢支撑框架，形式不限，可与柜子、座椅进行统一设计。若为教室储藏室或教师休息角等，则空间范围较大，可在梁柱间置入没有斜撑的钢结构框架，边界ay处置入翼墙，共同围合出功能空间（图2-26a）。

结构构件的应用案例：

1）参见设计方法2中的增设抗震墙（提高结构承载力）的结构案例

——早稻田大学二号馆

2）增设外附子结构（提高承载力）

——大阪成蹊学园高等学校1·2号馆

大阪成蹊学园高等学校1·2号馆选择了没有斜撑的钢结构框架，不仅是为了维持原立面形象，而且可分部吊装于窗侧再进行安装，施工简单且噪声小，校园生活与施工可以同时进行。这里钢结构框架杆件的截面积较大，弥补了没有斜撑的不足（图2-26b）。

4. 作为走廊、非走廊区域边界的功能空间

位于走廊与非走廊之间的功能空间与前者相同，强调其本身便是边界，但不同点在于此时的不是空间边界，而是面边界。通常表现为展示板，或者小型储物柜、展示柜等（图2-27）。

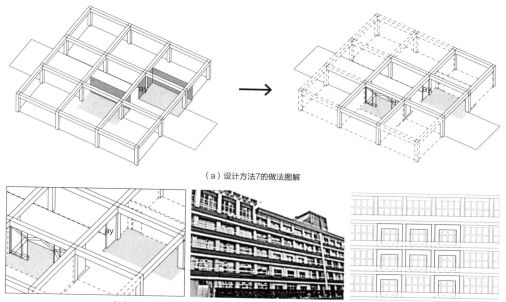

（a）设计方法7的做法图解

（b）大阪成蹊学园高等学校1·2号馆（右1：改造后，右2：改造后局部立面图）

图2-26 设计方法7的做法图解与结构构件应用案例图片

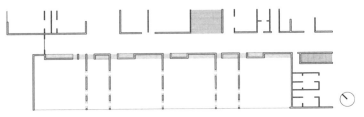

类别4
功能空间作为走廊、非走
廊区域边界
萨瓦德尔学校

图2-27 功能空间作为走廊、非走廊区域边界的类别图示与实例平面

设计方法8

边界a、bx便是功能空间。若该边界作为展示板，具备展示功能，则可由抗震墙与其他非结构要素共同形成。若该边界作为储存空间如储物柜等，则可由网格状抗震墙与其他非结构要素形成。网格状抗震墙可以让边界具备空间厚度。若该边界强度较低，两侧空间视线相通，如大面积玻璃窗，则可结合钢结构支撑使用。而边界by要尽量开放，可由增加墙体优化后的加腋支撑形成，限定复合空间范围的同时，不影响整体走廊的使用（图2-28a）。

1）增设钢支撑框架（提高承载力）

——北九州市立户畑图书馆

在北九州市立户畑图书馆中，拱结构在支撑部位的利用表现得更加淋漓尽致，斜撑杆件完全由拱构件代替，框架的下部区域实现了解放。以上通过多种方式解决斜撑对通行的不利影响，都是因为设置斜撑常常是必要的，对于提高结构刚度效果显著（图2-28b）。

2）增设抗震墙（提高承载力）

——名古屋中心大厦

相比于局部开洞的抗震墙，网格状墙体的视觉效果更加通透，且形态更加统一，便于组合形成整体效果。由钢板构成网格状墙体是将墙整体承受的荷载均匀分布在每个小的网格之中。名古屋中心大厦在钢板的网格部位植入绿色植物，使得整个墙体不再像结构构件，更像是垂直绿化的花架，为冰冷的钢板增添了亲近感（图2-28c）。

5. 功能空间位于走廊区域的外立面侧

这种功能空间与非走廊空间由走廊空间隔开，不会被进出非走廊空间的流线打断，因此独立性更强，功能区的使用更加完整。当位于走廊空间中时，多沿走廊行进方向展开，呈条状，这样尽量减少对走廊使用的影响。若其中为休息、交谈等外向型

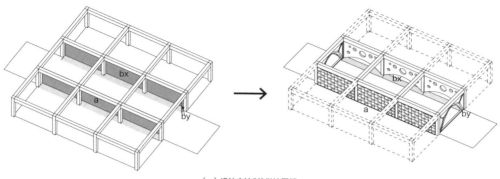

（a）设计方法8的做法图解

（b）北九州市立户畑图书馆（右1：改造过程，右2：改造后）

（c）名古屋中心大厦（右1：改造后，右2：构造立面图）

图2-28　设计方法8的做法图解与结构构件应用案例图片

功能，可布置沙发座椅或展示板等，并对走廊完全开放。若其中为讨论、会议等内向型功能，则需布置一些隔断来减少源自走廊的影响。有些情况下，这些功能空间位于室外，如阳台、平台等室外空间（图2-29）。

设计方法9

　　若功能为独立的会议室等，则边界ax处可设置玻璃隔断；若为开放的学习区域、休息区域，边界ax则由家具或其他可移动隔断形成。值得注意的是边界c的处理。若条件允许，常布置窗户来提升使用空间的光环境，若室外连接处有活动平台还可布置大面积落地窗。此外，采用网格状抗震墙，不仅可以实现采光，还可在网格内布置绿化植物或者灯光照明，从不同方面改善功能空间的使用环境（图2-30a）。

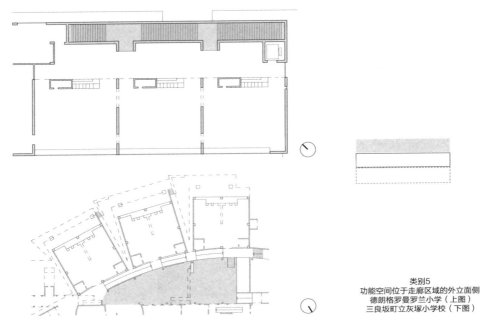

类别5
功能空间位于走廊区域的外立面侧
德朗格罗曼罗兰小学（上图）
三良坂町立灰塚小学校（下图）

图2-29　功能空间位于走廊区域外立面侧的类别图示与实例平面

结构构件的应用案例：

增设抗震墙（提高承载力）

——四国银行总店

钢板与网格互相交错的变化关系使得墙体本身便有着独特的视觉效果。四国银行总店中的网格状墙体不仅丰富了立面形态，使得沿街效果极具现代感，同时为室内外提供了半遮蔽的视觉联系以及经过过滤的柔和日光（图2-30b）。

设计方法10

位于室外的阳台或平台，若为悬挑结构则对抗震不利，可通过后期增加新的外附框架改善抗震性能。有时会在既有建筑外立面处设置新的外附框架结构体，来提高整体建筑的稳定性。可结合结构体的性质同时加建外部功能空间，提高抗震能力的同时还能增加新的活动区域（图2-31a）。

结构构件的应用案例：

增设外附子结构（提高承载力）

——四街道五月天幼儿园

外附子结构不只是附着于立面上的一个"面"，而是一个具有独立基础的结构体。

四街道五月天幼儿园在原建筑体两侧布置外附结构。两侧结构的置入提高建筑整体的稳定性，同时外附结构结合透明屋顶与轻质分割墙共同使用，为儿童提供了一个新的休息、娱乐的空间。新置入的结构空间与原建筑功能巧妙地融为一体（图2-31b）。

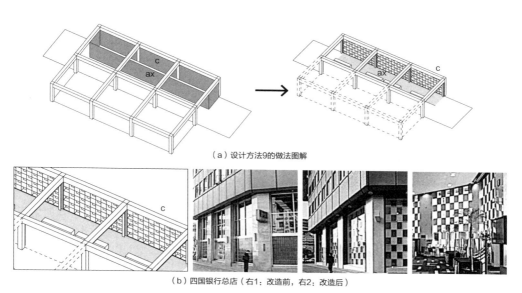

（a）设计方法9的做法图解

（b）四国银行总店（右1：改造前，右2：改造后）

图2-30　设计方法9的做法图解与结构构件应用案例图片

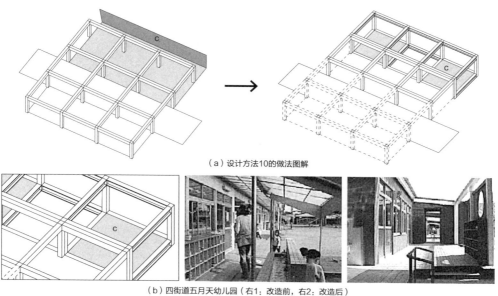

（a）设计方法10的做法图解

（b）四街道五月天幼儿园（右1：改造前，右2：改造后）

图2-31　设计方法10的做法图解与结构构件应用案例图片

2.3.3 局部点状

点状的构成模式中，功能空间主要以点状的形态置入走廊的一侧，表现为对走廊局部的补充。点状的形式使得功能空间的形态更加灵活，与其他空间的关系也更加多样，或是具有独立功能的区域，或是走廊到非走廊的过渡区域。与节点状构成模式不同的是，功能空间只位于走廊的一侧，不与走廊另一侧的空间建立联系，走廊与功能空间是一种递进关系。

通过对20个具有局部点状复合空间的案例分析，根据功能空间与走廊的构成关系可进一步分为10类：功能空间与非走廊彼此独立；功能空间与走廊相融合；功能空间分隔非走廊；从功能空间到深处的非走廊；从双重的功能空间到深处的非走廊；从非走廊到功能空间；从功能空间到非走廊；走廊–功能空间；走廊–功能空间–非走廊；独立的功能空间。

1. 功能空间与两侧的非走廊空间相互独立

在学校中，通常会将活动区或休息区置入非走廊空间，向走廊完全开放，这是因为大多情况下学校的走廊比较狭窄，没有多余的空间放置其他功能区，这样的安排对走廊流线影响较小。且可根据后期使用需求，将其再改造为教室等其他功能区。在设计时也更容易进行平面排布（图2-32）。

设计方法11

与其他非走廊空间不同的是，其对走廊几乎是完全开放的，可在两者的边界处设

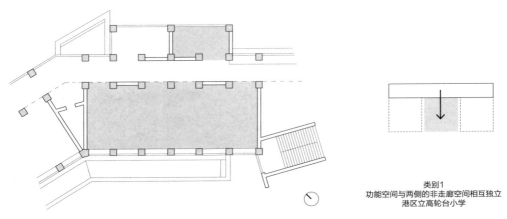

类别1
功能空间与两侧的非走廊空间相互独立
港区立高轮台小学

图2-32　功能空间与两侧的非走廊空间相互独立的类别图示与实例平面

置加腋钢支撑框架。同时可根据实际情况，在该空间外部加入室外平台，结合外附结合体或者外附混凝土支撑框架进行统一设计，不仅改善抗震性能还可丰富立面形象（图2-33a）。

结构构件的应用案例：

1）增设外附子结构（提高承载力）

——冈山县综合福祉

冈山县综合福祉在原建筑的外部两侧各附着了由双重框架构成的结构体，它们像是三明治的面包片一样，保护着中部的原建筑。结合外附框架，既有建筑向两侧进行了局部扩建，内部空间组织随之发生变化，建筑形体也变得完全不同（图2-33b）。

2）增设钢支撑框架（提高承载力）

——有马酒店

在有马酒店中，使用混凝土将钢结构支撑塑造成拱门形态。既是居室空间与缘侧空间的划分构件，又是景窗，使得这一狭小的居室也变得生动。同时结合构件的特性，形成两种拱门的形态，增加了趣味性（图2-33c）。

2. 功能空间与两侧的非走廊空间有递进关系

部分非走廊空间与走廊空间无直接接触面，可通过功能空间进入，或者功能空间内嵌于非走廊空间中，作为一个特殊的功能区，常向走廊空间视线开放，但需从非走廊空间进入。这两种情况下，功能空间与非走廊空间都存在流线上的递进关系。前者功能空间如同"门厅"，满足行为上的过渡或者短暂停留，同时其较大的规模使其功能较为完整，大多数与两侧非走廊空间功能相近或者功能补充，如内容展示或休息。而后者则多为小型会议室，虽然位于非走廊空间中，但其朝向走廊有大面积开窗，使得会议室的使用对象更加开放（图2-34）。

设计方法12

若功能空间为内嵌的会议室，则与走廊空间相接的边界bx多为大面积的玻璃窗，可使用网格状钢框架或带有窗洞的抗震墙，而与非走廊空间相接的边界by则非常灵活，但多为大片的玻璃或者较弱的隔断。

若功能空间作为非走廊空间的"门厅"存在，则边界bx要尽可能开放，可使用加固梁柱构件的方法，尽量减少对进出行为的阻碍。而边界by若在框架网格上，则可根据两侧空间的关系，置入局部开门的墙体或者更加开放的钢支撑构件；若与框架边界有一定距离，则可在临近梁柱处置入H型钢梁，增强构件的抗震性能。而与室外空间

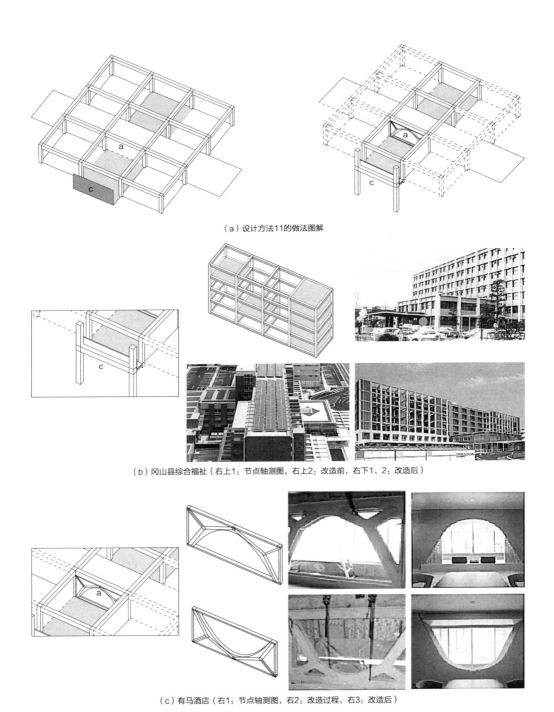

（a）设计方法11的做法图解

（b）冈山县综合福祉（右上1：节点轴测图，右上2：改造前，右下1、2：改造后）

（c）有马酒店（右1：节点轴测图，右2：改造过程，右3：改造后）

图2-33　设计方法11的做法图解与结构构件应用案例图片

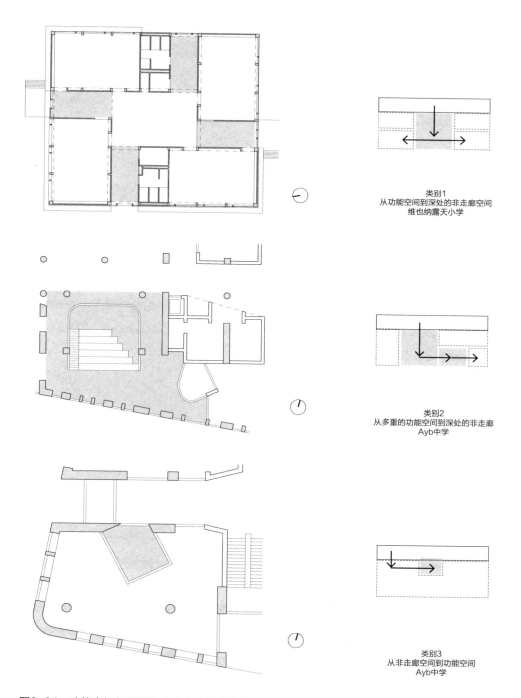

类别1
从功能空间到深处的非走廊空间
维也纳露天小学

类别2
从多重的功能空间到深处的非走廊
Ayb中学

类别3
从非走廊空间到功能空间
Ayb中学

图2-34　功能空间与两侧的非走廊空间有递进关系的类别图示与实例平面

相接的边界c不仅可外附钢支撑框架，还可外附减震阻尼器，其形式与钢框架略有不同，但可经过后期装饰与外立面形象更加一致（图2-35a）。

结构构件的应用案例：

1）增设钢支撑框架（提高承载力）

——自由学园初等部食堂楼

在自由学园初等部食堂楼加固方案的讨论中，因为原建筑是具有重要历史文化意义的木结构建筑，力求最大程度保留建筑内部空间的开放性，相比于其他方案都有斜撑元素的存在，最终方案使用H型钢框架的加固法，对原空间形象影响最小（图2-35b）。

2）增设剪切型阻尼器（减震）

——西松建设住宅、大阪丰田大厦

外附柱型的阻尼装置所表现出来的形象与上文讨论的外附钢框架极为相似，比如西松建设住宅更新加固后的立面效果，经过外附材料的粉饰已完全与外附钢框架形态相同。大阪丰田大厦采用的则是间柱型阻尼器，与原立面完美结合，共同塑造的新立面形象完全没有改造的痕迹（图2-35c）。

3. 功能空间位于走廊区域与非走廊区域之间

功能空间位于走廊空间与非走廊空间之间，除了作为非走廊空间的缓冲区、功能补充区外，它常与一个以上的非走廊空间相连，是一个小型的节点空间。这些非走廊空间若服务于多个对象，如多个教室，那么此处功能空间多为公共休息处或公共走道。若服务于同一个对象，如一个班级的学习空间、辅助空间等，那么该功能空间多为门厅或小型的接待室等（图2-36）。

设计方法13

在与走廊空间直接相连的空间边界a处可置入加腋支撑，强调"入口"形象。而与非走廊空间相连的空间边界b则可根据空间关系调整形态。图中表现的是从功能空间引导向两个教室，因此使用了轻质隔墙与翼墙相结合的方式。轻质隔墙划分空间，位于梁柱框架内的翼墙引导流线（图2-37a）。

结构构件的应用案例：

增设翼墙（提高承载力）

——鹤町立半田小学管理教室楼

相比较增设整片抗震墙和外附钢结构的做法，翼墙对视线、采光的影响最小。从

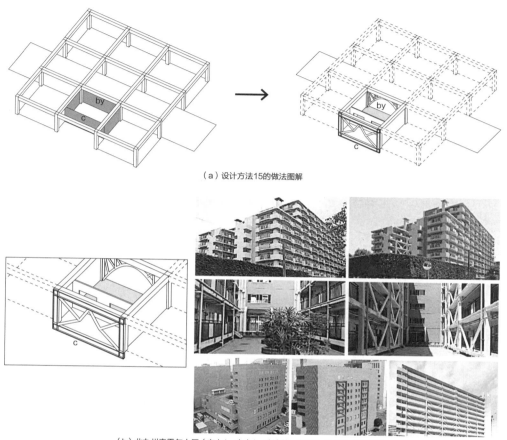

（a）设计方法15的做法图解

（b）北九州索雷尔大厅（右上1、右中1：改造前，右上2、右中2：改造后）
若叶台团地公寓3-4（右下1：改造前，右下2：改造后）东京都板桥区莲根法米尔海茨（右下3：改造后）

图2-40　设计方法15的做法图解与结构构件应用案例图片

5. 功能空间分隔非走廊空间与走廊空间

　　功能空间多位于走廊空间之中，若面积较小，则多贴附于非走廊空间一侧。或为辅助空间，如卫生间等；或为小的通高空间，将非走廊与走廊两空间进行分隔，并改善走廊空间通风与采光；或为与教学空间相连的休息区，则与非走廊空间有流线关系。若面积较大，则多位于非走廊空间的端部，被走廊空间环绕，因此多为展示空间，开放度较高（图2-41）。

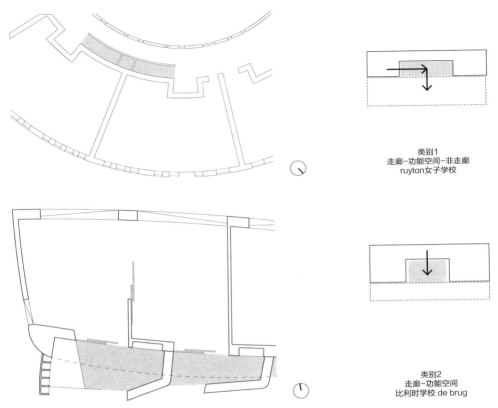

类别1
走廊-功能空间-非走廊
ruyton女子学校

类别2
走廊-功能空间
比利时学校 de brug

图2-41 功能空间分隔非走廊空间与走廊空间的类别图示与实例平面

设计方法16

若为沿教学空间展开的休息区、活动区或者学习角等，在走廊空间中的边界ax处可结合使用家具、隔断等非结构要素，以及不同的地面材质来划分功能区域。在框架结构网格内的边界ay则可置入翼墙，加固构件的同时强化功能空间的范围。而界面bx可根据与非走廊空间的流线关系而改变，如可实现行为通过的钢支撑框架，或者仅是视线通过的局部开洞的抗震墙（图2-42a）。

结构构件的应用案例：

增设抗震墙（提高承载力）

——德岛县乡土文化会馆

在德岛县乡土文化会馆中，抗震墙围合了角部开敞平台形成新的内部空间，局部

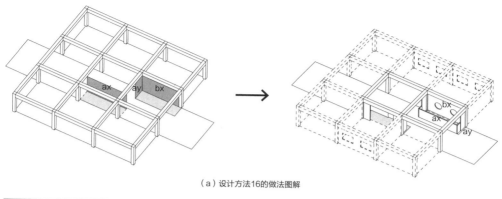

（a）设计方法16的做法图解

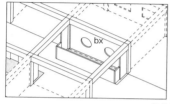  

（b）德岛县乡土文化会馆（右1：改造前，右2：改造后）

图2-42　设计方法16的做法图解与结构构件应用案例图片

的点窗提供采光，使得空间的使用有更多的可能性（图2-42b）。

6. 位于室外的独立功能空间

这种空间多位于环形平面的内部庭院中，数量较少，其内部功能较为独立，甚至具备一定展示、集聚的特征。若面积较小，则多为异形，与整体平面图形形成对比，丰富平面格局；若面积较大，则形状会与整体有连续的图形关系，与其他部位有统一的构图关系。小空间多是独立的会议室、小型展览空间或是游戏空间，而大空间则多是开敞的观演空间、集散空间（图2-43）。

设计方法17

这种空间在空间布局上比较独立，但与走廊空间的联系紧密。除会议空间需要噪声隔离，而多在边界a处布置大面积的玻璃窗外，其他如展览、游戏、观演等都基本向走廊完全开放，会在边界a处布置钢结构支撑。当然这种结构构件也可以和玻璃统一设计。大部分设计会将该空间悬挑于室外，获得轻盈的视觉效果，但其结构比较不

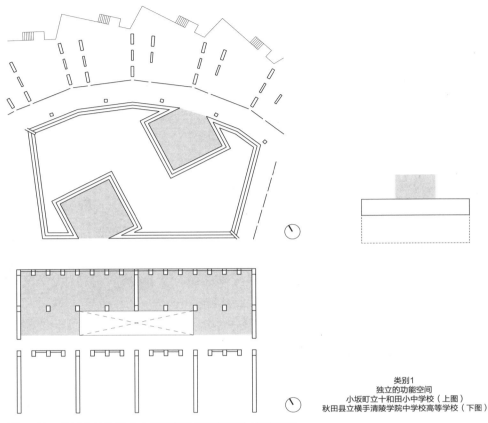

类别1
独立的功能空间
小坂町立十和田小中学校（上图）
秋田县立横手清陵学院中学校高等学校（下图）

图2-43 位于室外的独立功能空间的类别图示与实例平面

稳定。可结合设计效果置入外附结构体提高整体的抗震性能，而与外部空间相接的边界cx、cy可以结合采光与视线需求，使用大面积玻璃窗或者窗墙（图2-44a）。

结构构件的应用案例：

增设外附子结构（提高承载力）

——埼玉县本厅舍与第二厅舍

埼玉县本厅舍与第二厅舍的外附结构体因为除了框架外还有斜撑，视觉效果更加复杂。虽然外附部分没有其他功能作用，但也改变了原建筑的形体（图2-44b）。

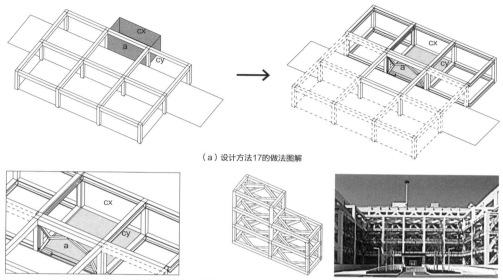

（a）设计方法17的做法图解

（b）埼玉县本厅舍与第二厅舍（右1：节点轴测图，右2：改造后）

图2-44　设计方法17的做法图解与结构构件应用案例图片

2.3.4　整体面状

　　整体面状的构成模式与前三种略微不同，面状的空间特征描述的是走廊，而非功能空间本身。走廊空间的面状特性降低了功能空间自身的独立性，而位于走廊空间之中的功能空间与周边区域的统一性也更强。

　　位于面状走廊之中的功能空间有多种表现形式。线形的功能空间会将走廊分为三段或两段，加强面状走廊的方向性，并使得内部功能的边界更加清晰，适用于高年级秩序性更强的教学内容；点状的功能空间多由家具或可移动隔断进行区域限定，其与走廊的边界较为模糊。有时多个规模相似的空间，会以一定距离间隔排布；有时形状不一并分散布置，使得走廊更具有趣味性，适用于低年级。面状的功能空间规模较大，基本与走廊空间融为一体，使用者可穿梭而过如同走廊一般，亦可使用其中的功能并在其中停留。

　　通过对18个具有整体面状复合空间的案例分析，根据功能空间与走廊的构成关系可进一步分为11类：功能空间—走廊—非走廊；走廊—功能空间—非走廊；走廊—功能空间—非走廊；功能空间—走廊—功能空间—非走廊；功能空间分散存在于走廊中；功能空间完全位于走廊内部；功能空间位于走廊内部；走廊位于功能空间内

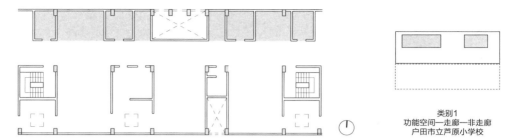

类别1
功能空间—走廊—非走廊
户田市立芦原小学校

图2-45　线形的功能空间位于走廊空间与室外空间之间的类别图示与实例平面

部；功能空间以点状分散布置；功能空间集中布置；功能空间与走廊融为一体。根据这11种构成关系对案例进行分类。

1. 线形的功能空间位于走廊空间与室外空间之间

不同于前文描述的条状空间对走廊空间的依附性较强，且规模较小，此处的功能空间规模更大，多置入楼梯、中庭等以改变走廊空间的交通流线与使用感受（图2-45）。

设计方法18

若功能空间为建筑形体单侧的大楼梯，则不仅可以连接上下层的建筑空间，还可同时设置阶梯状的休息讨论区。边界a可置入网格状钢支撑框架，不仅在视线上联系了两侧空间，还能起到防护作用，如同一个专门设计的外立面。与室外空间相接的边界cx与cy可由遮阳构件外附混凝土框架与外立面分隔墙形成，并结合遮阳构架统一设计，采集入射光并过滤。甚至将功能空间的屋顶替换为轻质屋顶，减轻建筑荷载的同时得到天窗通风与采光（图2-46a）。

结构构件的应用案例：

增设网格状抗震墙（提高承载力）

——霞关共门中央合同厅舍第7号馆、港区立乡土历史馆等复合设施、千叶县农业会馆本馆楼

由斜撑杆件构成的网格状墙体相比钢板网格状墙体，显得更加轻薄。钢结构杆件与玻璃的结合使得墙体的通透感更强。霞关共门中央合同厅舍第7号馆、港区立乡土历史馆等复合设施、千叶县农业会馆本馆楼中增设的网格状墙体分别位于外立面与内部空间之中，虽然杆件尺度、颜色各不相同，但呈现的轻盈的效果都会让观者无法将其与抗震构件相连。相比于钢结构杆件的纤细，钢筋混凝土杆件因其体量感则更加突出了斜撑的形态（图2-46b）。

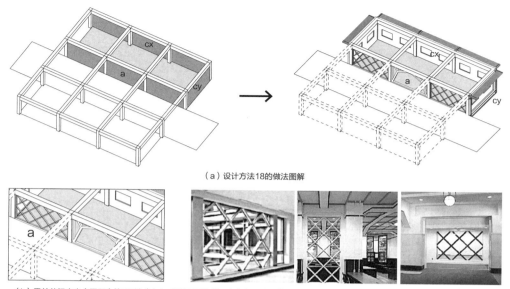

（a）设计方法18的做法图解

（b）霞关共门中央合同厅舍第7号馆（右1：改造后图）港区立乡土历史馆（右2：改造后图）千叶县农业会馆本馆楼（右3：改造后图）

图2-46　设计方法18的做法图解与结构构件应用案例图片

2. 线形的功能空间连接上下层的走廊空间

　　此处的功能空间多为贯通走廊上下层的段状空间，每个部分的面积不大但整体相连，沿走廊线形展开。段与段之间的间隙为两侧的流线提供通道。常位于走廊两侧，将走廊与非走廊空间分开，减少前者对后者的影响的同时，改善走廊的通风、采光。或将此功能空间的屋顶去除，在其中种植花草，美化环境（图2-47）。

设计方法19

　　功能空间多为通高空间或小庭院，在划分非走廊与走廊的同时，还能增强走廊内部的空气流通（此处可见D类）。由此边界ax多为栏杆等隔断以保护学生安全。边界b由翼墙形成，划分非走廊与复合空间的同时，仍保留与走廊的联系。同时可在走廊内增加钢结构支撑或直接对梁柱构件进行加固，这样形成的空间边界强度较弱，加固的同时对复合空间的使用影响不大（图2-48a）。

　　结构构件的应用案例：

　　梁柱结合部加固（提高延性）

　　——静冈县清水町三得利

　　静冈县清水町三得利使用HP施工法，即柱子上外附钢板与纤维材料，梁外附钢

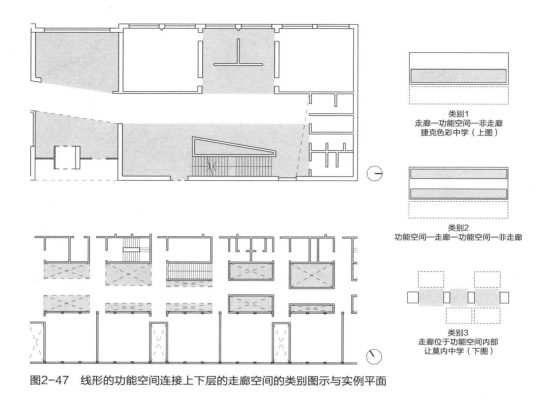

类别1
走廊—功能空间—非走廊
捷克色彩中学（上图）

类别2
功能空间—走廊—功能空间—非走廊

类别3
走廊位于功能空间内部
让莫内中学（下图）

图2-47 线形的功能空间连接上下层的走廊空间的类别图示与实例平面

筋混凝土体，两者增设的部分由钢筋相连。案例中对结构构件进行的是外附加固。由此增设部分发生在室外空间，对建筑空间的使用基本没有影响（图2-48b）。

3. 位于走廊中部的功能空间

当走廊所占区域较大、形成面状时，多会在走廊中部布置一定规模的功能空间，或是多个点状空间间隔排布，抑或一个长条形的空间沿走廊展开。但无论形式如何，其开放程度较高，且可供大部分师生使用，如会议室、讨论室，或者休息区、游戏间等，可以及时被使用者发现使用情况并提高该空间的使用效率。或者为内庭院等绿化空间，改善走廊的视觉环境（图2-49）。

设计方法20

若为独立的学习、休闲或多功能空间，由非结构要素形成的边界ax为墙体或带有门洞、窗洞的墙体；若为开放的功能区域，则多由家具来界定范围；若为天井、局部通高空间、楼梯等，则多由栏杆等安全隔断；若为内庭院，则为大面积玻璃墙，增强

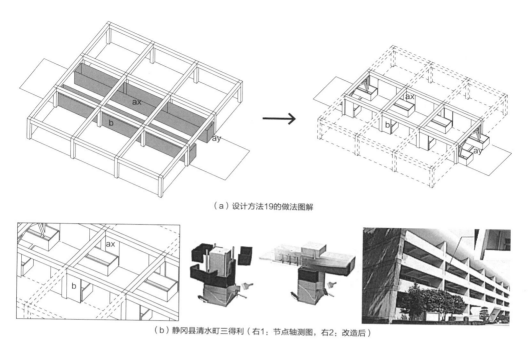

（a）设计方法19的做法图解

（b）静冈县清水町三得利（右1：节点轴测图，右2：改造后）

图2-48　设计方法19的做法图解与结构构件应用案例图片

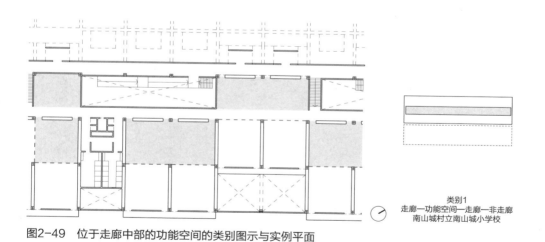

类别1
走廊—功能空间—走廊—非走廊
南山城村立南山城小学校

图2-49　位于走廊中部的功能空间的类别图示与实例平面

内廊的采光。由非结构要素形成的边界ay的强度基本与边界ax保持一致。

　　以上情况形成的复合空间都可被两侧非走廊区域共享，由此选择了网格状和V形钢结构支撑。这样的结构要素形成的边界不仅辅助划分走廊与非走廊，满足整体视线相通，还可满足局部行为相通的需求（图2-50a）。

结构构件的应用案例：

增设抗震墙（提高承载力）

——高知县立县民文化厅与鸟取县政府大楼

相比于钢结构杆件的纤细，钢筋混凝土杆件因其体量感则更加突出了斜撑的形态。在高知县立县民文化厅与鸟取县政府大楼中，网格状墙体在融入原立面形态的同时，又通过形式的对比丰富了立面语言（图2-50b）。

4. 位于走廊中的多处点状功能空间

点状的空间形式没有强烈的方向性，它们的形式与位置更加自由。或形式比较规整，与周边的空间有较为清晰的轴线关系，加强整体空间的秩序感，这样的功能空间一般面积较大，成为较小的面状空间，如整个阅读区或者餐饮区，通过布置一系列规格化的家具来塑造空间；或形式不规整，与周边空间形成鲜明的对比，这样的空间一

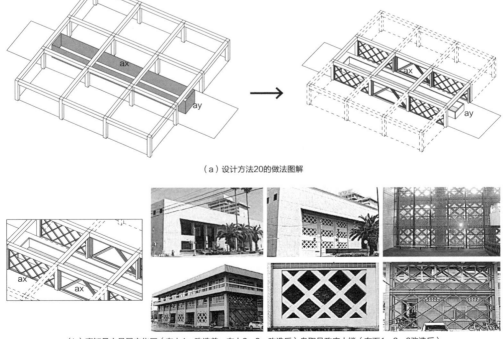

（a）设计方法20的做法图解

（b）高知县立县民文化厅（右上1：改造前，右上2、3：改造后）鸟取县政府大楼（右下1、2、3改造后）

图2-50　设计方法20的做法图解与结构构件应用案例图片

般规模较小，如小型讨论区等，多由一些隔断来划分边界（图2-51）。

设计方法21

面状的走廊空间一般进深较大，或者其边界都是由非走廊空间界定，没有与室外空间相接的边界，使得整体采光较差，需要人工光来补足。将常见平屋顶改变为坡屋顶或者三角屋架，并纳入天窗。可以针对性地提高功能空间部分的采光程度，突出功能区的位置，改善整体的使用感受。将混凝土屋顶做成轻质屋顶，可一定程度上实现建筑减重，改善建筑整体的结构性能。而围合功能空间的ax、ay多由较高的可遮挡视线的隔断或者家具形成，使得功能空间有一定独立性的同时，与走廊整体仍有统一关系（图2-52a）。

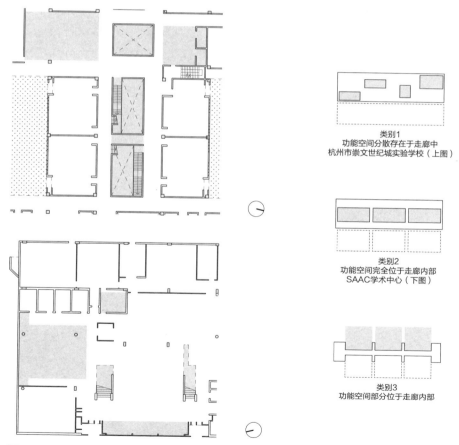

类别1
功能空间分散存在于走廊中
杭州市崇文世纪城实验学校（上图）

类别2
功能空间完全位于走廊内部
SAAC学术中心（下图）

类别3
功能空间部分位于走廊内部

图2-51　位于走廊中的多处点状功能空间的类别图示与实例平面

结构构件的应用案例：

建筑轻量化（建筑减重）

——白井市政府大楼、爱农学园农业高等学校本馆、黑松内中学校

白井市政府大楼撤去了5层以上的建筑部分以及西侧的楼梯部分。突破了5层的部分楼板，增设了新的钢结构屋顶，使得该区域的会议室有着更加舒适的层高，从立面上也打破了平屋顶的形象。爱农学园农业高等学校本馆则是将第3层整体撤去，改造为坡屋顶，并在屋顶空间内设计了太阳能集热换气装置，减少了建筑的能源消耗。黑松内中学校将部分二层楼板、墙体、屋顶以及部分填充墙撤去，在撤去的屋顶区域增设了新的桁架轻量屋顶。减轻建筑的同时还扩大了走廊区域，并形成了一个明亮、通高的走廊，极大地提高了建筑内空间品质（图2-52b）。

设计方法22

点状的功能空间还可能是通高空间，联系上下层视线、改善通风情况，甚至置入局部的楼梯、坡道，此时边界ax、ay则多由栏杆等不可跨越的隔断形成。通高形

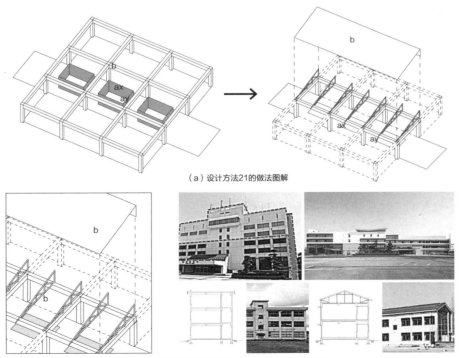

（a）设计方法21的做法图解

（b）白井市政府大楼（右上1：改造前，右上2：改造后）
爱农学园农业高等学校本馆（右下1：改造前剖面图与实景图，右下2：改造后剖面图与实景图）

图2-52　设计方法21的做法图解与结构构件应用案例图片

式的功能空间减少了走廊的可使用面积，可通过开放走廊周边与非走廊空间边界的视觉关系，来减轻较大的通高空间对走廊其余部位的压迫感，比如在走廊与非走廊相接的边界处使用钢结构支撑，划分两侧空间的同时，开阔了走廊内的视线关系（图2-53a）。

结构构件的应用案例：

增设钢结构支撑（提高建筑承载力）

——静冈县三岛市三岛市民体育馆

静冈县三岛市三岛市民体育馆对钢支撑框架形象的接受则显得更加主动，为了容纳整个框架，去除了柱间的其他墙体。从内部空间来看，除置入的钢结构杆件外，窗户与窗间墙是基本维持原状的。在外立面上使用了完全不同的黑色面板填充原柱间墙的位置，以一种大胆的方式彰显了此处的不同（图2-53b）。

5. 与走廊中融为一体的功能空间

功能空间本身便是较大的面状空间，它与走廊空间融为一体。学生可以在其中自

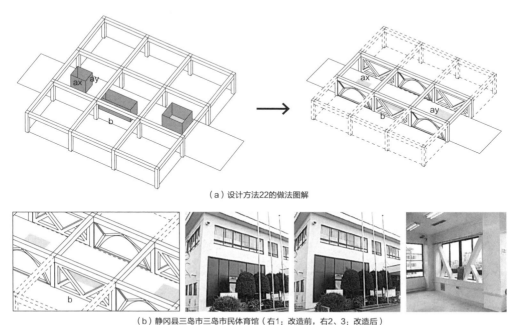

（a）设计方法22的做法图解

（b）静冈县三岛市三岛市民体育馆（右1：改造前，右2、3：改造后）

图2-53 设计方法22的做法图解与结构构件应用案例图片

由地穿梭或者使用功能区域。其中的功能区域可能是多个散落的点状，学生可以无障碍地从一个点到另一个点。也可能是一个集中在中部的面状区域，主要的交通过道将其围绕，但学生依然可以在其中穿行。这样的空间形式更加平衡与自由（图2-54）。

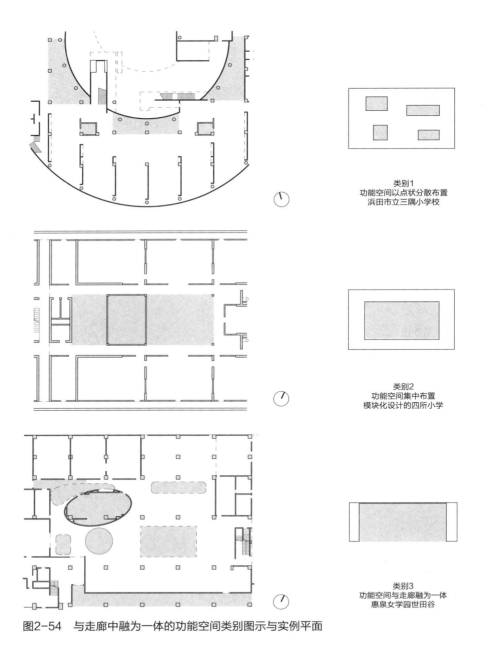

类别1
功能空间以点状分散布置
浜田市立三隅小学校

类别2
功能空间集中布置
模块化设计的四所小学

类别3
功能空间与走廊融为一体
惠泉女学园世田谷

图2-54　与走廊中融为一体的功能空间类别图示与实例平面

设计方法23

分散布置的功能空间可以为由家具限定的学习区，也可以为插入的内庭院，或者连接上下层的通高空间等。形式多样且位置较为灵活。置入的新边界ax、ay多由非结构要素形成，形式可根据功能需求而定。空间边界尽可能保持空间内视线的流通性，所以采用钢结构支撑。若走廊内对行为自由度要求较高，可将钢结构支撑改为直接对框架柱、梁进行加固，使得整体空间更加开敞（图2-55a）。

增设钢结构支撑（提高建筑承载力）

——福冈公园、新潟县新潟市弁天广场大厦、鸟取县鸟取市鸟取县立中央医院本馆、千叶县鸭川市医疗法人明星会东条医院

福冈公园中白色钢结构与大面积玻璃结合，钢结构完全暴露于视线之下，使得不同的视觉形象成为一种橱窗展示。新潟县新潟市弁天广场大厦在钢支撑框架外表面刷涂了与外立面相近的颜色，尽量弱化钢结构构件的不同。鸟取县鸟取市鸟取县立中央医院本馆则使用墙体遮蔽了部分构件，虽可能是功能需求所致，但这种结果同样弱化了框架对空间视觉形象的改变。在千叶县鸭川市医疗法人明星会东条医院中，使用混凝土材料加粗了斜撑杆件，以一种强有力的V字形象介入空间，使得空间感受更富有张力（图2-55b）。

设计方法24

集中的功能空间面积较大，可以提供一些有集中行为的活动。新置入由非结构要素形成的边界ax、ay形式多为完全开放，也可为隔断，强化功能空间的范围。若该边界与由结构要素形成的边界不在同一位置，则采用钢结构支撑加固的技术，使得结构要素形成的边界不影响空间划分。若在同一位置，则使用翼墙，形成的空间边界辅助划分空间（图2-55c）。

结构构件的应用案例：

1）参见设计方法5中增设钢支撑框架（提高结构承载力）的结构案例

——和歌山县南部町国民宿舍纪州路南部，高岛新桥店，和歌山站大厦

2）参见设计方法3中设置加腋支撑框架（提高结构承载力）的结构案例

——福岛县岩木市SPA度假村

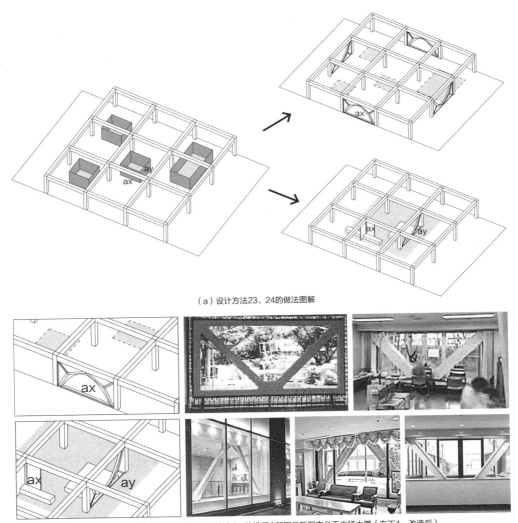

（a）设计方法23、24的做法图解

（b）福冈公园（右上1：改造过程，右上2：改造后）新泻县新泻市弁天广场大厦（右下1：改造后）
鸟取县鸟取市鸟取县立中央医院本馆（右下2：改造后）千叶县鸭川市医疗法人明星会东条医院（右下3：改造后）

图2-55 设计方法23、24的做法图解与结构构件应用案例图片

第 **3** 章

垂直向空间与结构设计的融合

3.1 垂直向空间的形态类型

3.1.1 内部空间位置与教学楼垂直向空间形态

近年来中小学校建筑的教学楼变化首先体现在由于中小学生人均用地面积减少，建筑容积率的持续攀升，建筑物特别是教学楼的层数从原来的单层或底层变成为多层。其次是为了容纳建筑内部更多种类的活动，以往位于不同建筑物的空间被置入于同一建筑物之中，出现了诸如"学校综合体"的建筑类型。而开放式教学要求建筑物的空间开敞，具有很强的适应性和可变性。因此中小学校建筑设计开始走向开放化、多元化的发展趋势，在以水平空间为主的建筑内部出现了很多垂直向的空间形态。

相应地，中小学校建筑设计的有关政策在近年也做了相应的调整。我国的《中小学校建筑设计规范》GBJ 99—1986和《城市普通中小学校校舍建设标准》规定的中小学建筑容积率不大于0.9，在用地紧张的地区，根据城市环境的条件，会相应提高容积率要求。而随着城市建设的饱和，在最新的《中小学校设计规范》GB 50099—2011中已经取消了关于容积率指标的硬性规定。

为了满足多样化的现代教育理念下的教学活动的需要，利用垂直方向对教学楼内有限的资源进行丰富的设计与开发利用，营造兼具弹性、实用性与开放性的教学空间形态成为中小学校建筑设计与发展的重要内容。其中对垂直向空间形态的影响存在于以下几个方面：

①垂直方向上空间类型多元化；

②垂直方向空间开放化；

③利用垂直方向功能分区；

④注重垂直方向的空间组织。

1. 垂直方向上空间类型多元化

随着创新型教学、个性化教学与多样化教学越来越受到重视，需要有多元化的校园空间配合多样化教学活动的开展。对于城市中用地较为紧张的中小学校，在一栋或多栋教学楼中容纳多种类型的空间将成为常态。伴随新兴教学理念的发展和用地紧张导致的空间复合化使用趋势的产生，城市中小学校利用单个建筑空间满足多重功能使用的设计方式也得到了广泛认可。通过复合化使用，教学楼的空间利用率可以大大提高，灵活的空间也能为将来的教学所需提供环境。

《中小学校设计规范》GB 50099—2011中对建筑内部主要功能用房进行了详细的分类，从垂直向空间形态的角度出发，教学楼包括以下三种主要的空间类型：水平空间、高大空间、通高空间。水平空间是中小学建筑中的主体，也是最基本的空间类型。在水平空间中又能根据其大小和开放程度不同进一步分类。高大空间是中小学中较为独特的空间，有从独立于教学楼单独设置到整合入教学楼之中的发展趋势。通高空间是中小学教学楼中创造丰富垂直向空间关系的主要建筑空间。在建筑的空间类型上，除了传统基本的单元空间和廊空间，非单元空间、局部大空间、水平开敞空间、通高空间、高大空间中的一种或多种空间都被引入到教学楼中，教学楼和外部场地的关系也得到了丰富。不同类型水平空间的引入使得不同的功能和活动可以在不同高度的楼层中进行；通高空间、高大空间的介入打破了教学楼垂直方向上的单调；对外部空间的利用也丰富了建筑的内外关系。

一般的教学活动不需要过高的空间，特别是普通的分班教室，因此水平空间是中小学校教学楼的主要构成单元，也是容纳常规教学活动的基本载体。基于我国城市人口密集、学生数量庞大的特点，城市中小学校要集中大量学生人群。因此无论是编班授课制还是选课走班制的教学方式，想要保证教学资源和教学设施高效率利用，对学生分团体管理教学是目前教学的基本方式，导致教学建筑内部大多以单元空间为主。对于学生来说，单元空间是停留时间最长的空间，也是教学活动的主要场所，是学生在学校生活学习的基本空间。而其他较为开放的水平空间方便开展传统科目之外的创新性课程教学、兴趣拓展教学、师生和学生之间的自发性教学等多种形式的非正式教学活动。在学习之外，这些空间是学生课间休息、活动放松的重要场合，是构建教学楼内部社区化氛围的重要媒介。包括走廊空间、局部大空间、水平开敞空间等。

此外，教学楼中需要一些具有一定高度的活动空间，这些空间也具有较大的面积，称作"高大空间"。常见的使用方式有风雨操场、剧场、多功能厅、礼堂、游泳馆等传统的学校功能，也可以做天文地理馆、科学探索馆等新兴的功能使用。高大空间占据很大体积，容易对其他空间造成影响，因此往往较为封闭，以达到和空间外部隔绝的目的。在现代教育理念下，灵活的高大空间可以适应大型实践活动、较大规模的展览表演等用途，是培养学生实践能力的重要场所。将高大空间在垂直方向上与其他空间结合，或者与社区分时共享，也会实现较高的空间利用率，产生良好的社会效益。

另外，在教学楼垂直方向上的设计中将外部空间化被动为主动，可以创造更为积极的校园空间环境。这些空间提供了除大尺度的运动场之外不同尺度、不同氛围的室外活动空间，在中小学建筑设计中已经开始得到重视。室外露台、建筑平台、屋顶空间等外部空间常常作为内部空间的延伸，既能将内部的活动引导到外部，也可以调节环境，与内部空间共享光照、空气和景观。

从垂直向上的空间形态角度看，中小学教学楼中出现多元的内外空间的类型除基本的单元空间、走廊空间外，其他各种类型的空间都可以介入教学楼促成教学楼在垂直方向上的空间创新。空间类型分为以下四类：水平空间、高大空间、通高空间、外部空间（表3-1）。

表3-1

水平空间				高大空间	通高空间	外部空间
单元空间	非单元空间	廊空间	局部大空间			

在一栋教学楼中容纳多样的空间类型，每种空间类型可以容纳多种使用功能，教学楼空间能够以功能复合的形式满足日益丰富的公共空间需求。尤其在中小学校建筑的水平开敞空间、通高空间等公共开放空间中，为单个空间赋予表演、集会、展览、课间活动、学生交流等多种功能是高效的空间利用方式。同时，教学空间的多样化将提高教学楼的适应性，能为未来新的教学活动提供场所。在有限的空间内同时考虑多种功能的基本需求，可以大大提高空间的使用率，并为师生提供全新的氛围与环境。此外，在选课走班的教学组织方式下，学生也不再局限于某一单元空间之中，而要在不同的空间之间移动。以往将普通教室与专业教室置于不同建筑的设计无法满足教学需求。

面对多元化的空间需求与复合化的建筑空间营造趋势，针对垂直向空间构成的设计变得尤为重要。垂直向空间的丰富度能触发学生自主和随机的行为，有利于激发学生的学习兴趣，既能丰富学生的课余时间，也有助于学生之间多种活动的开展，更好地促进教学实践。垂直向上丰富的空间组合，能够塑造活跃多样的教学空间。

2. 垂直方向空间开放化

教学空间垂直方向上多元的类型要求建筑在垂直方向有更高的开放度，创造上下空间联系的可能。垂直方向的开放既是促进各楼层交流的手段，也能提高空间的适应性，为日后调整空间的整体或局部布局预留空间。在新的教学理念的背景下，教学空间垂直向的开放在日常教学活动和学生课外活动中都能起到重要作用。

除了教学活动的影响，中小学生课外活动同样对校园空间品质与使用效率提出了更高的要求。学生行为模式丰富多样，存在如社团活动、兴趣活动、课外互助、课外研学等自发学习与互动行为，垂直方向上开放的教学空间有助于激发学生的探索欲和学习主动性。

近年来的实际建设中，中小学校建筑中内外空间立体化开放的趋势逐渐显现，主要体现在内部公共空间增多，空间在垂直方向的联系与互通加强。教学空间在建筑垂直方向的开放化营造中最为有效的做法是通高。通高空间能提供观看与被观看的体验与互动，刺激学生的观感，丰富空间感受；也能打破传统楼层分割的封闭感，提供不同楼层交流的可能。其次通高空间可以组织和容纳多种开放空间，或者结合交通设置，将楼层之间的联系公共化，提供竖直方向的空间组织的可能。通高空间在中小学校建筑空间垂直向构成中通常有以下几种形式（表3-2）：

①通高空间位于建筑局部。通高空间可以将局部不同高度的水平空间组织在一起，打破垂直向上的完全隔绝。

表3-2

局部通高空间	占据一侧的通高空间	被环绕的通高空间

②通高空间占据建筑一侧，只与一边的水平空间邻接。上下的水平空间可以借助通高空间产生交通联系，或发生局部的视线交流，但是垂直向上的联系仍然受限。这种情况下，通高空间介于建筑内部空间与外部空间之间，对内外空间之间的缓冲作用更加显著。

③通高空间占据建筑中心，与两边以上的水平空间邻接。各层水平空间以通高空间为核心来组织。在通高空间四周的水平空间可以与通高空间或者越过通高空间与其他方向的水平空间交流。

为进一步丰富空间关系，实现垂直向的开放，教学空间中可能会存在多个通高空间。通过对通高空间的组合，建筑可以形成丰富的具有垂直特征的公共活动场所。根据组合方式的不同，可以分为以下几种类型（表3-3）：

表3-3

通高空间水平方向直接连接	通高空间水平方向间接连接	通高空间竖直方向直接连接	通高空间竖直方向间接连接

①通高空间在水平上直接连接。直接连接的通高空间高度不同，会产生导向更高空间的引导性。

②通高空间在水平上间接连接。两个通高空间之间会通过水平空间联系，每个通高空间会产生领域感，并且具有了节奏性。

③通高空间在竖直方向直接连接。可以产生不同高度的活动空间，通高空间组合而成的空间又具有整体性，可以串联各个楼层空间。

④通高空间在竖直方向间接连接。不同高度的通高空间通过水平开敞空间在垂直向连接，可以在流线上连续而视线上分散，有利于创造动态丰富的公共空间。

除了对具有垂直特征的通高空间进行设计，在建筑内部创造局部开放空间也是实现开放化的重要途径。非单元和局部大空间可以解决空间在水平楼层的单调问题，并且可以利用空间拓展学习的新方式。

　　为适应未来教育开放融合的教学方法，新的教学理念提倡不同集体的组团，包括跨学科、跨班级、跨年级的组团。以多个空间组合的方式代替传统线性连接的空间布局，可以将以前需要在整个学校构建的学习环境浓缩到单个的组团之中，每个学习组团可以为组团内学生的一切学习生活行为提供空间。单元空间中间通过活动隔断分隔，根据老师的课程需要对教室空间进行"变形"。打开可供学生共同使用，学生可以在这个区域内学习、交往和游戏，利用隔断封闭可以进行小范围教学。非单元和局部大空间往往和单元空间结合，形成局部的组团，在单元空间之外构建另一个层级的集体活动的场所。而利用通高空间在垂直向的组团相对平面组团而言有更丰富的空间构成的可能，可以为学生创造有趣的学习环境，有利于提高学生的归属感，激发学生的学习自主性（表3–4）。

表3–4

单元空间+廊空间+ 非单元空间	单元空间+廊空间+ 局部大空间	单元空间+廊空间+ 通高空间

　　此外，丰富教室的外部空间的营造也是实现垂直方向开放的手段。通过强化对架空空间、屋顶平台、室外露台的重新整合与利用，实现室外庭院向空中转移；在内外空间之间利用不同高度的平台、坡道与空间将单元教室空间和室内外空间有机融合，营造出层次丰富、体验各异的学生活动场所。

　　3. 利用垂直方向进行分区

　　高度复合的教学楼空间打破了以功能与建筑类型为标尺的旧有做法。对于集中了多种功能的教学空间而言，垂直向维度上混合叠加不同的功能空间会给师生提供丰富空间体验，但是为了保证教学活动有序开展，合理的分区是基本设计要求。特别是在高容积率的校园环境中，需要利用垂直方向对教学空间进行合理的安排分区。其中，最主要的就是以动和静作为分区的标准，以实现动静分离。

图3-1

常见的分区方式是将动区集中于教学空间的底部，上部布置静区。"三重式"学校建筑设计模式是基于学校建筑的功能特征、空间与形态的竖向三维关系，将学校建筑综合体在垂直方向上分为下、中、上三个部分——上部为秩序层，中部为活力层，下部为辅助层[1]（图3-1）。秩序层以诸如人防、设备用房、停车库、后勤保障用房等功能活跃度低、开放性弱的功能空间为主，置于建筑物的下部；中部由人员活动频繁、开放度和共享度较高的功能空间组成活力层，布置出入口空间、交通空间、多功能厅、活动室等功能；上部布置教学、实验或办公等空间，以此来强调均质性和秩序感（图3-2）。

"三重式"空间模式为构建层次明确的学校建筑空间提出了一种设计模板，但是仍然具有局限性：一方面严格的功能分区是建立在分隔的思想之上，而没有考虑到教学建筑各楼层及空间之间渗透联系；另一方面，"三重式"方法在垂直方向的功能分区过于理想和简单，尤其未能充分激发地面空间的活力。在近年来的学校建筑设计中，多种类型的地面空间的创新设计是营造富有特色的教学空间的关键。

可以肯定的是，上层教学空间，底层公共活动空间的垂直向分区形式有利于营造丰富宜人的空间体验，是当今中小学校建筑设计的一种发展趋势。上部负责主体教学

图3-2

---

1 蔡瑞定，戴叶子."三重式"设计策略在南方校园建筑综合体的应用解析[J]. 城市建筑. 2014（10）：28-30.

功能，以单元式的教室空间为主，形成如专业教室、班级教室以及教师办公室等空间。上部既可以提高这些空间的抗干扰能力，保证这些空间的私密性，也能保证良好的通风采光条件。下部一般人流密集，活动频繁，设置以公共活动为主的空间。地上一层或多层结合地下空间，将水平开敞空间、非单元空间、高大空间等结合共享程度与开放程度高的功能，例如多功能厅、活动用房、集会场所、甚至风雨操场、球馆、报告厅等，并结合不同标高的露台、活动平台、台阶、连廊等建筑元素，形成连续通透、丰富立体的空间效果，为教学空间提供了兼具开放性与趣味性的公共空间。

对底层的充分利用是提高建设用地使用效率，丰富学校建筑使用功能的一种常用策略，它有助于对建设用地密度指标的充分利用，高密度的底层排布也为建筑整体层数的减少创造了可能性。此外，随着对于学校建筑空间复合化、综合化利用的逐渐兴起，对地下空间的开发强度逐渐提高，地下空间在师生日常教学与活动中的重要性也逐渐提升。从原本布置活跃度较低、开放性较弱、对采光通风无严格要求的服务配套以及辅助用房，例如设备用房、储藏室、地下车库等空间，逐渐转向水平开敞空间等这类学生可以方便使用的空间，并结合地上空间为这些空间赋予的功能。

功能的变化意味着需要为地下空间营造更为舒适开放的环境。通过垂直方向上加强与地上空间乃至上层走廊、露台之间的视线交流以及竖向交通，以提高地下空间的功能性、可达性，从而提高地下空间的使用效率。利用坡道与台阶等，增加空间活力与层次，引入课间活动、集会观演、社团活动、课外教学等功能，增加与地上空间的互动与渗透。通过下沉庭院等设计引入采光通风的自然条件，以提升地下公共空间的舒适度与实用性。通过对地下空间的重塑可以最大化实现校园空间的使用效率，从而实现学校建筑用地的集约化、复合化利用。

教学空间的不同类型在垂直方向也会产生分区。尤其在集合了多种空间类型的教学建筑中，其中几种类型的空间位置与垂直向分区密不可分：水平开敞空间能为学生提供位于建筑内部的大面积的活动场地，创造激发学生随机性和多样化行为的公共空间或者为新型教学活动提供场所，因此水平空间与单元教室空间存在垂直方向上分区的必要；而高大空间使用方式往往过于单一且独立，且建筑结构与教室空间不一致，所以它与空间单元存在一定冲突，这就需要考虑它们在垂直方向上的分区。

水平开敞空间可以部分代替外部空间，同时不受天气的影响，因此有室内和室外空间的双重优点。其开敞的特点还有助于内外空间之间的相互渗透与交流，为学生创造富有层次的活动场地。水平开敞空间位于底层能为学生提供地面高度的室内活动场所，外部空间可以和内部活动空间直接联系，便于学生活动在室内外的切换，从而增强空间的活力。同时，底层的水平开敞空间也能避免单元教室空间布置在底层时会受到的噪声和气候条件影响，特别是在湿热的南方地区，以架空形式创造的水平开敞空间还有利于校园微气候的调节。水平开敞空间位于建筑中部时，可以为学生提供一个在空中聚集的场所，从而解决在上部楼层的学生缺乏外部空间的问题。作为活跃度较高的区域，水平开敞的空间也有助于垂直方向上联系上下楼层的空间。教学空间将底层开敞作为建筑与外部环境的中介，服务于地面停车或家长接送等活动（表3-5）。

中小学校建筑设计中对高大空间的设置首选部位是在单元教室的底层。这一方面是因为底层便于高大空间的人流聚散，另一方面则是高大空间可以成为底层公共空间的组成部分，使其在被充分利用的同时又能不干扰其他的单元教室空间。如果结合地下空间使用，还可以有效地提高建筑的容积率。当高大空间位于单元教室的上部时，其可达性与公共性会大大降低，但这样的布置却可以使建筑物的结构设计更加经济。当高大空间与单元教室并排布置时，两者中间宜通过设置诸如通高空间、水平开敞空间等来作为缓冲，或者以技术手段来减小高大空间对单元教室空间的干扰（表3-6）。

表3-5

水平开敞空间位于底部	水平开敞空间不位于底部

表3-6

高大空间与单元空间垂直向排列		高大空间与单元空间并列
高大空间位于底部	高大空间不位于底部	

4. 强化垂直方向的空间组织

在分区布置的基础上，我们还需要为教学空间设计灵活合理的交通流线，来形成丰富高效的空间关系。合理的垂直方向空间构成能有效提高学生的移动速度，提高空间的可达性与使用效率，并优化空间感受。

随着中小学选修课程数量与类型的逐步扩大，学生在教学空间垂直方向上的移动或将成为他们课间活动的重要组成部分。因此强化不同楼层之间的联系，提高公共空间的品质与使用效率将会成为中小学校建筑在垂直向设计中不可忽略的重点。当垂直方向的教室之间的联系过于薄弱时，会使课间师生们在不同楼层的移动花费不必要的时间和精力，且不利于教学活动的开展。

在垂直向分区的基础上，公共空间的集中布置，需要考虑利用垂直方向的交通来提高公共空间的使用效率，从而实现空间层级与功能之间的有机组合。或者在垂直方向将公共活动空间解构并重组，将大尺度公共空间拆分成多个小型活动场地，通过将它们分布在不同楼层，来为各层学生提供尽可能均等的活动机会。通过垂直方向的空间组织，塑造流动性强、可达性高、富有趣味的公共空间，可以有机联系起教学空间的不同高度，从而形成了灵活、高效的组织模式，为师生提供了交互性极强的中小学校建筑空间。

为强化教学空间在垂直方向的组织，交通空间变得非常重要。除了基本的疏散功能，交通空间更需要发挥联系、拓展和丰富各楼层公共活动空间的作用。通过将交通空间与其他空间复合叠加，形成开放多义的活动场所，为各楼层提供宽敞灵活的活动场地。同时，交通空间可以作为教学空间的延伸，为学生们的活动提供可灵活使用的非正式场所。通过与建筑的外部空间、走廊空间等公共属性空间的相互串联，交通空间可以成为整个中小学建筑在垂直方向上重要的组织系统。

通过垂直方向的组织，教学空间可以实现高度的灵活性与可达性，并且能够使其他公共空间的服务范围更为平衡。合理的交通组织与空间层级，为营造具有内聚性、场所感的教学空间和学习环境提供了条件，并能在最大程度提高教学空间的使用效率。

3.1.2　外部体量与教学楼垂直向空间形态

1. 单一几何体量的教学楼

体量是建筑设计中对建筑物的外形轮廓的描述。对于单体教学空间来说，单一的外形完整的几何体轮廓的建筑物，可以称之为单一体量的教学空间；外部体量由多个几何体组合而成，可以称之为体量组合的教学空间。设计具有完整清晰体量的教学楼是高效集约利用土地的做法，可以在较紧张的用地范围内最大限度地利用土地。

单一体量的教学空间主要有条形、环形、集中型等，它们的形状、建筑层数与其内部垂直向的空间构成有关；而由不同的体量组合形成的教学空间则有更多机会塑造丰富的空间关系。

中小学校的建筑大都以线性的条形体量为主，它取决于走廊空间串联单元教室空间的平面构成方式。条形体量的中小学校建筑进而可以细分为I形、T形、L形、U形、C形等。相比于I形的体量，有转折和变化的条形体量会在平面变化或者连接处置入区别于单元教室空间的其他公共空间，用来打破内部空间的单调感。垂直方向上，在体量的转折或交接处设置通高空间或交通空间，可以在条形体量内部创造出空间的流动。由于体量的弯折，建筑在场地上创造出围合的外部空间。这一外部空间被建筑限定，因此也便于作为建筑的外部延伸。体量的转折同样能使建筑不同立面之间产生角度，更容易在垂直向上为不同高度空间的学生提供视线交流的可能。

环形体量是建立在条形体量的基础上，可以看作是将条形体量首尾相接而得到的体量。环形体量的教学空间容易产生相对私密内向的外部空间。整个教学空间有较强的内聚性，建筑各层的流线和视线都环绕中间的外部空间发生，便于创造垂直方向上积极的联系，因此也容易形成良好的空间氛围。

教学空间对采光的要求使我国的教学楼较少有十字形等集中型体量。集中型体量有很强的中心性，更适用于开放式教学的教学模式，构成上由每层的单元空间环绕建筑中心。方形体量的教学空间往往采用两边布置单元教室空间的中廊形式，或者每个楼层采用更为自由的布置满足开放式教学的要求。基于集中型体量具有较强的中心性的特征，常会通过在中心位置设置通高空间来强化教学空间垂直向上的联系，中廊的空间品质也会因此得到改善（表3-7）。

表3-7

条形		环形		集中	
一字形	L形	T形	U形	方环形	十字形

在建筑高度上，《中小学校设计规范》GB 50099—2011中明确规定，各类小学的主要教学用房不应设在四层以上，各类中学的主要教学用房不应设在五层以上[1]。规范对此解释的是：基于学生的生理特点和紧急疏散两方面考量：经医学测定，当学生在

---

1 《中小学校设计规范》GB 50099—2011.

课间操和体育课结束后，利用短暂的几分钟上楼并立刻进入下一节课的学习时，四层（小学生）和五层（中学生）是疲劳感转折点。超过这个转折点，在下一节课开始后的5~15min内，心脏和呼吸的变化会使注意力难以集中，影响教学效果，依此制定本条。中小学校属自救能力较差的人员的密集场所，建筑层数不宜过多，制定本条还旨在当发生突发意外事件时，利于学生安全疏散[1]。

但受限于土地面积和对容量的要求，中小学校教学空间往往要尽可能在楼层上取得突破。一般来说，在高楼层布置学生活动以外的行政或者生活、辅助用房等功能，属于教学中不会使用到的空间，可以达到增加建筑层数的目的。规范是基于中小学生的生理特点和紧急疏散的要求，如果可以创造满足学生活动和疏散要求的场地环境，建筑层数可以不以地面作为参照。通过将学校区域整体抬高，将学生进入校园后的活动高度直接引导到高于城市标高的某一基面，位于其上的教学空间可以以抬高的基面作为建筑首层来计算层数。

2. 体量组合的教学空间

在中小学校的单体教学建筑中，建筑外观也常由多个体量组合而成。特别是在需要多种类型的教学空间中，体量组合的建筑可以根据空间需要分成不同的体量再进行组合。这样在创造丰富的场地关系的同时，建筑的结构问题也能得到高效的解决。在相邻的体量之间存在着两种组合的方式：体量在水平方向上的"邻接"组合，以及体量在竖直方向上的"层叠"组合（表3-8）。

在"邻接"的教学空间体量组合中，两个体量可能大小相近，也可能有主次关系。大小相近体量的"邻接"可能是两座以单元教室空间为主的教学空间在场地上的并列，也有可能是一座以单元教室空间为主的教学空间与其他类型空间为主的建筑体量并置。

有主次关系的体量相互"邻接"时，可以将其分为主要体量与次要体量。主要体量以单元教室空间为主，结合其他水平空间或垂直向空间，形成其内部秩序。次要体量则通常安排非单元空间，或者整体作为水平开敞空间或高大空间附加在主要体量之上。通常单元空间集合与其他空间集合会分别设置在主次体量之中。由于次要体量较低，次要体量的屋面部分能为主要体量的上部空间提供一个建筑围合的外部空间（表3-9）。

---

1 《中小学校设计规范》GB 50099—2011.

表3-8

邻接	层叠

表3-9

相似体量邻接	大小体量邻接	大小体量邻接

体量"邻接"教学空间的主入口一般都设置在地面层。体量之间可以共享交通空间，也可以不同体量各自拥有一套独立的交通体系。前者体量的联系更加紧密，后者则是可分可合，各自交通相对独立的状态。共享交通空间的邻接体量会有主入口。主入口位于两体量交接位置附近时，去往两个体量的流线可以从入口分流，各自在垂直向上到达更高楼层。当主入口远离体量交接的位置时，体量之间会产生序列关系。在有主次关系的"邻接"关系中，建筑主入口在主要体量时，次要体量内部空间公共性降低，成为主要体量的附属空间；建筑主入口位于次要体量时，则次要体量会成为主要体量的前序性质空间。

在体量"层叠"的教学空间关系中，同样存在大小相近的体量层叠与主次体量层叠两种情况。"层叠"的方式可以让建筑有了垂直向的分区。如果对这一特点加以利用的话，中小学校的教学空间常常会将垂直向构成的不同体量置入不同类型的空间，从而达到教学空间和其他空间垂直向上分置的作用。

大小相近的体量"层叠"能产生底层架空和上层建筑围合的外部，在中小学校教学空间中这样的情况相对较少。多数情况下，垂直向上的"层叠"关系由以单元教室空间为主的主要体量，以及以其他空间为主的次要体量所构成。

次要体量位于上部，则其一般由非单元空间或高大空间的排布占据。这种构成有可能会造成上部活动对下部教学区域的干扰。当单元教室空间集合的主要体量位于上部，下部空间则成为教学空间和室外场地之间的中间区域。下部空间以非单元空间或者水平开敞空间、高大空间等排布，可以形成单元教室空间集合和外部空间之间的公共空间领域。下部体量的屋面为上部的体量提供了相对较大的建筑围合的外部空间，这个外部空间能直接连通地面空间。这种情况下，下部体量的空间可以相对独立，并与上部的单元空间脱离。此种情况下，下部体量的屋面可以成为外部场地和内部单元空间之间的过渡（表3-10）。

表3-10

相似体量层叠	大小体量层叠	大小体量层叠
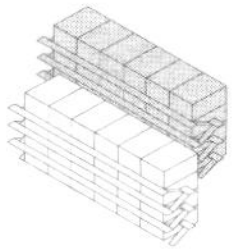	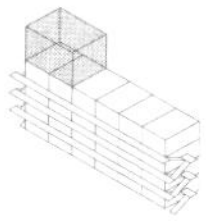	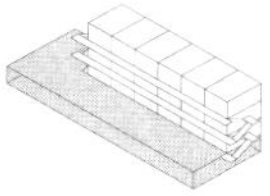

表3-11

	单一几何体量	体量组合	
		邻接	层叠
单元空间+廊空间	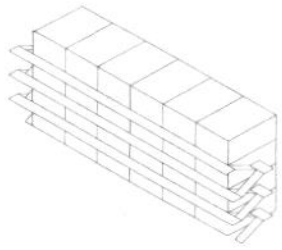	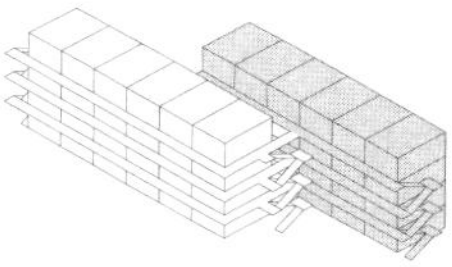	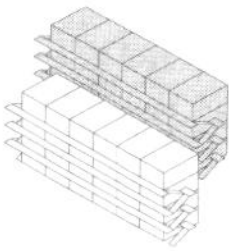
单元空间+廊空间+非单元空间/局部大空间	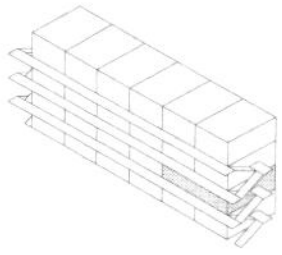	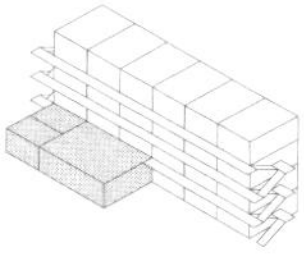	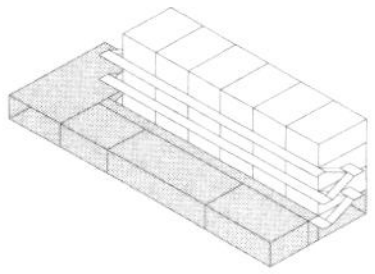
单元空间+廊空间+水平开敞空间	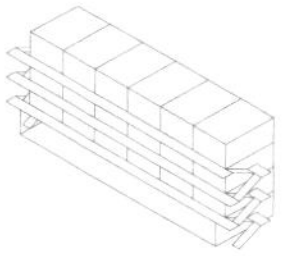	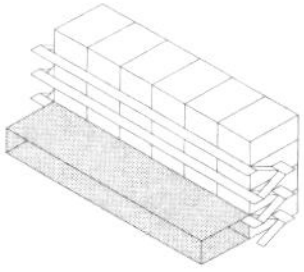	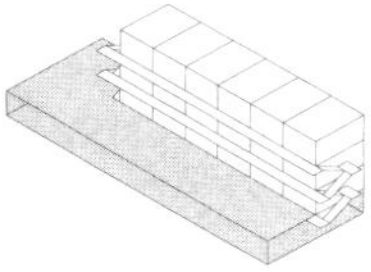
单元空间+廊空间+高大空间	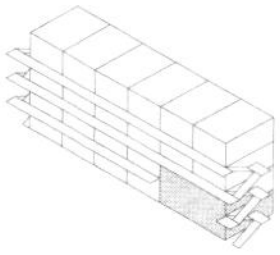	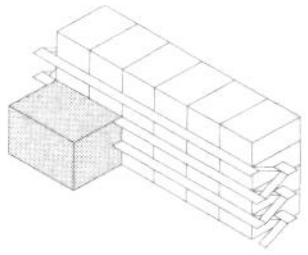	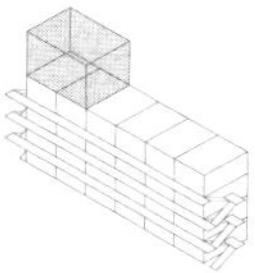
单元空间+廊空间+通高空间	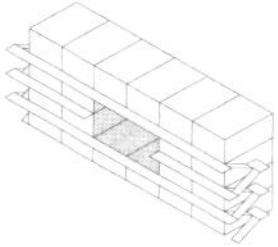	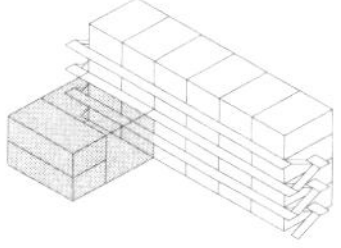	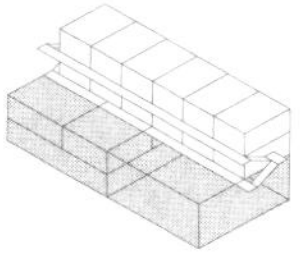
单元空间+廊空间+外部空间	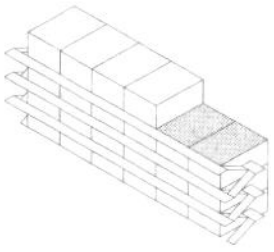	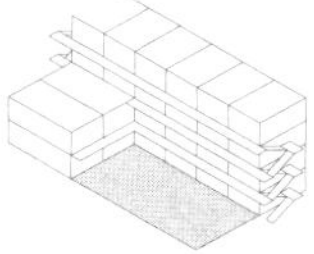	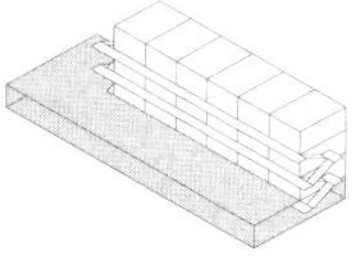

在使用流线上，"层叠"的体量存在明显的垂直向的流线关系，学生要从地面到上部，必先经过底部的体量。通过的方式可以分为两种情况：经内部通过和经外部通过。经内部通过可以由底部空间一直串联到上部，形成空间序列。经外部通过则是利用体量的"层叠"关系，设置不同标高的入口，上部体量只需经过下部体量的屋面，这样可以实现上下体量的流线分置。

中小学校建筑在不同的教学空间中所包含空间类型不同。以单元教室空间为主，垂直方向上分配其他不同类型的空间与之组合就构成不同的内部构成模式。而建筑的外部体量也会有所差别，可能是单一几何体量，也有可能是多个体量组合而成。一个教学建筑所包含的空间类型和它的外部体量的组成共同影响这个建筑物的垂直向构成。将内外两个方面结合，就可以从垂直向空间构成角度对教学空间的类型进行归纳。以上只列举了单元教室空间和其他单一空间类型的组合情况（表3-11），体量是以I字形体量为基础。但教学建筑垂直向上可以包含更多种类的空间，外部形态也会存在其他形式的体量，可以以此表格为基础拓展出更丰富的教学空间类型。

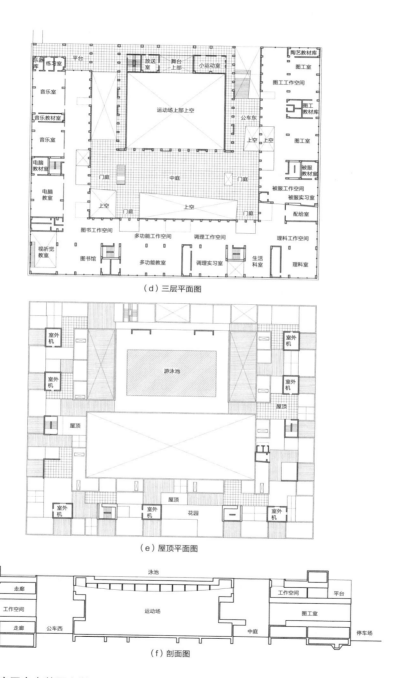

（d）三层平面图

（e）屋顶平面图

（f）剖面图

图3-3　户田市立芦原小学

　　"筑波未来市立阳光台小学"（以下称"阳光台小学"）是在筑波市郊外的新住宅区域的小学。依照开放式教学的理念，学校在设计中对既有单元式教室的进行了全新的尝试。通过结构的传力特征，将原本竖向传力和水平传力两套体系合二为一，并由此获得了单元教室与走廊之间在完全开放与完全封闭之间的状态。三角形的楔形墙体在确保单元教室中学生对于黑板方向注意力集中的同时，边界上也能够与走廊以及相邻教室之间的连续。三角形的墙体结构采用了胶合木结构板材的墙面体系，考虑到学校设施防火上的要求，在一组单元教室拼接的木结构框架体系两侧，分别设置了钢筋混凝土箱式框架来作为防火阻隔单元，通过功能上设置仓库与教师准备间等教室辅助单元，形成了与单元教室组合相适应的使用衔接。这样的空间结构组合，在整体上围绕着左右两个内院串联布置，形成了丰富而有节奏的教学空间的同时，三角墙面也直接呈现在"阳光台小学"的建筑外观之上，展现出有趣而新颖的"表情"（图3-4）。

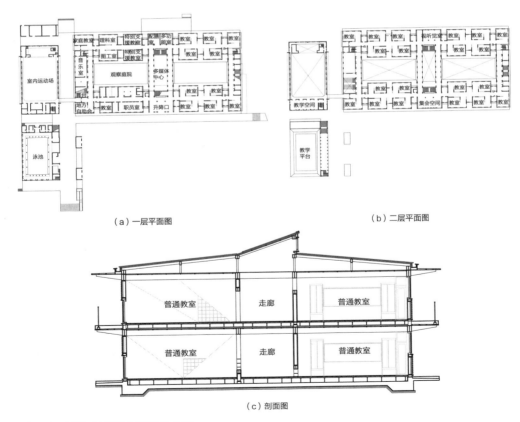

（a）一层平面图　　　　　　　　　　　　　　　　　　（b）二层平面图

（c）剖面图

图3-4　筑波未来市立阳光台小学

"黑松内中学"位于北海道的寿都郡，是一所建于1978年的学校。二层的内中廊设置的矩形体量教学楼，由于走廊缺乏足够的采光，使得整个教学空间显得沉闷而压抑。为了适应新的开放式教学的发展，"黑松内中学"对内部的中廊空间进行了改建，在改善教学空间的开放体验的同时，也希望能一并提高建筑物的结构抗震性能。改建通过拆除原来二层中部的楼梯间及其横向结构框架内的楼板、屋面、隔断原来走廊的墙体等，将这部分空间改造成有自然光射入的，作为"光的走廊"的狭长中庭，来激活教学区域的空间品质和公共性。在此基础上，增设了中庭上部钢结构桁架和天窗，以及中庭内的钢结构楼梯。通过这样的改造，不仅使得一层上部的结构竖向荷载量减少了20%，去除的楼板和墙体，也在很大程度上减轻了原来柱子在二层楼板部位的剪切受弯，使得柱子的韧性得以提高。同时，新的钢结构屋架倾斜设置，一方面增加了中庭空间的动态体验，同时也具备了承受约130cm厚积雪荷载的能力。结构与空间的一体化改善，使得"黑松内中学"的教学空间得以重生（图3-5）。

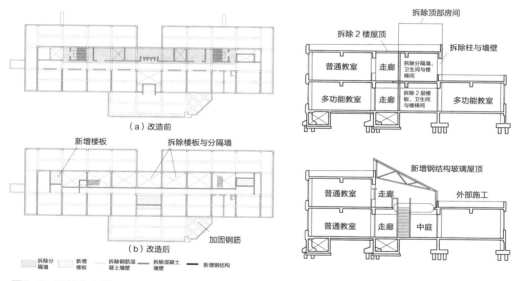

图3-5 黑松内中学

3.2.2 构件架构型的设计方法

除了空间结构型的组合关系外，单层或最上层中小学校建筑的教学空间上部的屋顶形态，及其支撑的架构、构件所形成的构件架构型关系，往往也会对单元或空间的性格塑造、空间体验的丰富性等产生积极的影响。单元空间上部的空间形态发生变化时，一方面保证了其空间平面形状的完整性，利于开展正常的教学活动，另一方面，空间上部形态的变化，及由此所获得的采光条件增加、空间高度增加、通风条件的改善等物质层面的提升之外，更为重要的是打破了原来均质趋同单元教室的单调感，为空间增加了重要的活跃元素。并由此为教室内开展更加多样的开放式教学，增加教室的公共性等都有着积极的作用。

组成构件架构型的结构要素在材料、荷载分布、节点表达、架构形态等各个方面，确保着结构作为支撑的技术本色的同时，也将会作为空间表现要素，呈现着空间的"表情"。比如，混凝土、钢与木都可以作为屋顶的支撑要素，但是由于这些材料各自的属性，在杆件的粗细、节点连接和与人身体的亲近度方面，都会有着显著的区别。钢结构和木结构在连接时，会出现精巧的节点，而混凝土则更多表现为一种连续性与均质性。混凝土的厚重感给人以安全感的同时，也会带来一定的封闭性与承重感。钢结构纤细而轻盈，会让空间有着更多开敞与轻松的感受，但也呈现出工业风的氛围。与之相对的是，木结构会非常亲人，但也需要较为复杂的连接方式确保结构受力的稳定等。其次，在荷载分布与感受方面，轴向受力的构件，会比受弯构件更容易让人感受到动态，也更具有紧张感。这方面，张拉构件的表现是最为明显的。承担不同荷载分布的结构构件，也跟结构材料有着密切的关系。比如钢结构一般都会是受拉构件的首选，混凝土材料在受压和受弯方面有着良好的性能优势，木结构在材料加工、受弯与受压方面都比较均衡等。近年来随着学校建筑个性化的发展，不少新的学校教学空间开始尝试单元教室空间的活性化设计或改造。其中，对于教室第五立面，也就是教室顶面的设计成为颇受关注的焦点之一。空间垂直向的变化对于教学活动、学生的行为方式的影响，成为新型教学空间设计的途径之一。开放式教学的教室单元，也开始摆脱以往千篇一律的钢筋混凝土方盒的印象，其中结构置入后的屋面形态的创新是关键所在。它反映了构件架构在中小学校建筑的教学空间中的重要作用。

1. 坡形屋面架构

坡形屋面架构一般是将教学空间顶部的屋面通过抬高一侧的高度形成坡向，来改善教室的室内尺度、采光和通风条件等。与此同时，形成坡形屋面的结构构件所组成的屋面架构也会因为它们的形态，成为教学空间性格定义的重要因素。如何利用坡形屋面来促进教室空间的活性化，将会是垂直向形态的重要议题之一。

　　"大多喜町立老川小学"（以下称"老川小学"）是一处位于山区的学校。受到学校地域开放化，以及学科型教学模式改变的影响，"老川小学"在既有学校建筑的基础上进行了改建，除了拆除了两栋原有建筑物外，最大的变化包括新建一处供周围居民使用的多功能厅以及相应的作为村民活动需求的文化设施内容，通过内院连接的、朝向操场锯齿形布置的单元教室是一层线性连接的教学空间。这部分的设计通过"作为家的学校"的理念，以垂直向的单坡斜屋顶作为形成山区特有民居风格的内外空间，让学生在学校生活与学习时，也能感受到家的感觉。斜向的屋顶朝向西北方向抬起，与单元教室的分布相一致，形成了连续起伏的建筑形式，与周围自然环境的精致相协调的同时，还可以将一部分的阳光以较为柔和的方式导入教室。并且，周围丰富的植被、自然的环绕以及远山的风景，透过教室周围门窗以及半室外的"观察平台"、斜屋顶的高窗，使得教室的空间与周围环境融为一体。"老川小学"的建筑结构采用了当地生产的杉木作为主要的结构构件，这些木材也是当地文脉特征的重要表现，因此，从墙面直接伸至屋面的木柱，以及柱间的斜向支撑，都成为教室空间"表情"的一部分，仿佛置身于山区的林间一样，形成了具有地域特征的教学活动空间。同时，结合"老川小学"不限定人数的灵活性，放大的走廊犹如街道一般，在丰富教学活动之外，提供了犹如街区一般的公共性。某种程度上可以说，"老川小学"的改造设计，是将学生的山区生活重新置换成教学空间的一种尝试，它将"山区中的家"的感觉充分地融入在学校的空间之中（图3-6）。

　　"南部町立名川中学"（以下称"名川中学"）是一所以贯彻新型开放式模式为目标的中学。学校不仅向地域的公共文化建设提供了共享的使用场所，同时打破了以往单一的分班教学模式，而是以学科类型作为单元教室的主要分类，按照学生的兴趣爱好，选择各自聚集上课的场所。"名川中学"的总体设计以内院为中心，形成口字形布置，教室单元、社区文化馆以及体育馆等设施都围绕着内院的走廊被串联在一起。学科型空间由学科教室和学科媒体教室为一组对应布置。传统意义上的走廊由于学科单元的出现被弱化，学科教室相对围合较强，学科媒体教室可以看作是放大的走廊空间，这里设置了网络化的教具和设备，可以供教师采用最先进的教学手段进行远程线上的教学活动。"名川中学"的结构体系采用了钢筋混凝土框架结构，比较有特点是，其教学空间在垂直向上将屋面单坡设置，这样一侧高窗的阳光射入，将下部学科教室与媒体教室自然分开，形成了光线充足的学科教室，以及对光线比较敏感的媒体教室两部分，展现出结构对空间使用上的强化作用（图3-7）。

　　"圣笼町立圣笼中学"（以下称"圣笼中学"）具有悠久的建校历史。重建的"圣

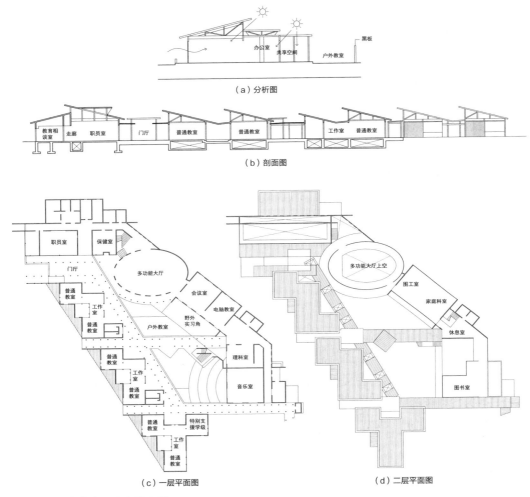

（a）分析图

（b）剖面图

（c）一层平面图　　　　　　（d）二层平面图

图3-6　大多喜町立老川小学

笼中学"为了体现学校的悠久传统，并表现出面向未来的精神，在建筑与结构上采用了一层钢筋混凝土框架，二层木结构双坡屋面的传统木架构体系。"圣笼中学"的整体格局与原来的总体布置相类似，围绕着两个内院围合呈"日"字形。以中廊串联教室的一层平面主要是学科型教室，以围合式的大型单元教室为主。在靠近内院一侧的转角部分，设置了与走廊一体化的公共空间，形成一些学科小组讨论的场所。与一层钢筋混凝土结构形成的相对传统的教室走廊格局不同的是，"圣笼中学"的二层由于采用了木结构，所以空间的分隔状态被取消，代之以与走廊一体式的连续开敞围合。走廊

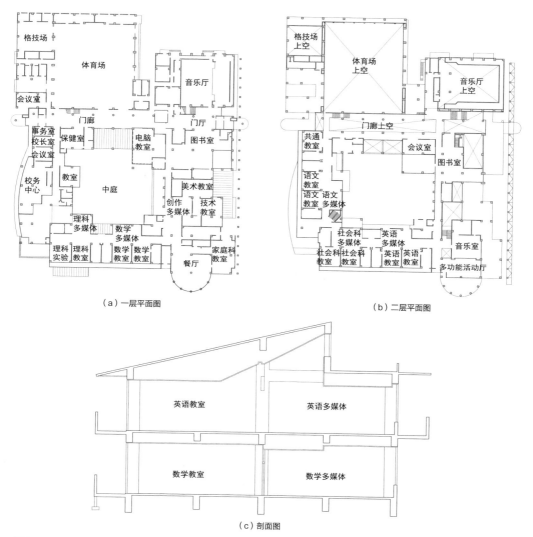

（a）一层平面图

（b）二层平面图

（c）剖面图

图3-7　南部町立名川中学

与开敞的教室之间，由木柱形成的弱围合限定，隐约显现出两者之间的区别来。同时，两坡屋面各自形成的坡度，对应了走廊与教室的区域，一定程度上也有助于教室边界的明确化。二层南侧面向操场的部分是"圣笼中学"主要的立面，南侧部分也是学校主要的公共空间的设置区域。因此，在这里设置了相对围合的单元教室。在中廊部分，为了提高走廊空间的公共性，区别于其他区域的走廊，木架构采用了更复杂的两侧出挑、中部三角形的构件布置形式，由此获得了走廊空间在尺度上的提升，并与下部一层空间之间，通过局部调控来获得教学空间中最具有仪式感的"表情"（图3-8）。

"南房总市立丸山中学"（以下称"丸山中学"）位于人口仅5000人左右的小镇。建设学校等同于建设小镇的公共活动中心，学校也成为小镇最核心的设施。因此，尽可能地体现小镇的地域特征，将小镇的生活与学校的教学融为一体也就成为设计的重点。在这座大部分一层，局部二层的学校建筑中，当地特产的丸山杉木的使用成为表现地域特征最大的形式载体。围绕着内院布置的教学空间中，走廊与单元教室串联，放大的走廊形成了更具公共性的学生交流与活动的空间。在这些开敞的空间中，杉木

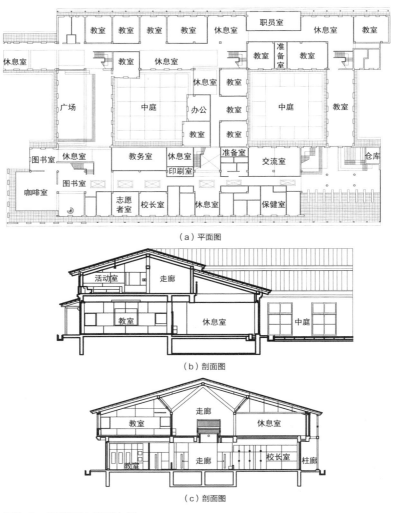

（a）平面图

（b）剖面图

（c）剖面图

图3-8　圣笼町立圣笼中学

柱子及其顶部开叉的斜向支撑，犹如一棵棵树木一般突显在内部，强化了当地的山村风土。单元教室交错的双坡屋顶及其木架构，仿佛是一间间的民居，让"丸山中学"的教学空间仿佛置身于小镇的街巷之中（图3-9）。

"熊本辉之森支援学校"是一所以残障青少年教育为主的特殊学校。考虑到学生生理上的特殊情况，学校的平面设置以八个教室为一个组团，分为四组，沿着弧形走廊串联在一起。为了与周围自然的景色相融合，并给学生们以亲近自然的体验，"熊本辉之森支援学校"以木结构作为支撑以及空间表现的重要主题。在外观上，双坡的屋面是这些木结构构屋架的自然形态。而在建筑的内部，特别是木桁架形成的屋架直

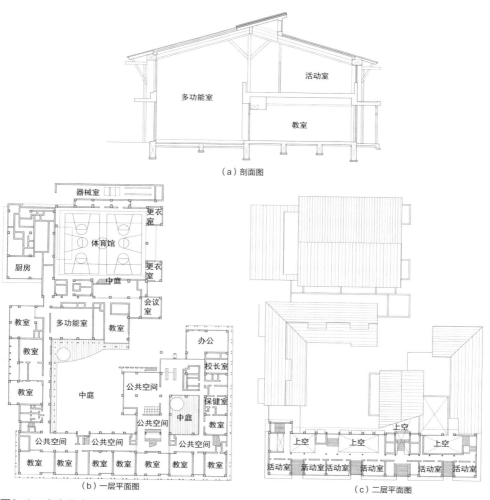

（a）剖面图

（b）一层平面图　　　　　　（c）二层平面图

图3-9　南房总市立丸山中学

接被暴露在教室、走廊的上方，形成形态各异，但极具表现力的空间元素（图3-10）。

"印西市立印波郡野小学"（以下称"印波郡野小学"）是位于千叶新城区的新建小学。为了充分体现21世纪新型地域开放学校的理念，学校的规划与设计在一开始就将教学空间与周边的环境，公共活动内容相融合。单元教室的布置针对低年级与高年级学生的认知能力与教学方式的区别，在教室的开放程度，楼层的设定上都做出相应的考虑。整个教学区域环绕着两处内院布置，并在内院之间的核心位置布置了两层高的图书大厅，作为整个教学活动区域的中心，也是学生交往的节点场所。每一个单元教室都相邻一处尺度规模相应的半开放院子，作为分班活动的场所，教学空间的一面朝向单独的内院，一面朝向公共活动的走廊以及中央的大内院，整个教学空间显得开放而充满了活力。教室空间的屋面与结构的垂直向处理，显然也是为了迎合教室的活跃气氛，采用了主体钢筋混凝土，上部木结构屋架的混合结构。屋架的木结构杆件外露，屋架的支撑被设计成分叉的形态，犹如树枝与半屋面形成单坡向的斜面。高窗的一侧朝向中心内院，从而将教学建筑的外围高度降低，与教室一侧的半开放独立内院的尺度相呼应。而在单元教室的内部，屋面的斜坡与下部教室家具的布置呈90°横向交错，由此来将避免屋面侧向高窗的外部光线对教学活动产生比例的影响，并提升教室的光照与开敞的体验。在"印波郡野小学"中，作为教学活动空间核心的图书大厅的屋面架构也采用了与单元教室相类似的垂直向处理手法，因为其高度与教室不同，因此在架构的布置上采用了一长一短非对称式的双向交错的坡屋面，长屋面对应了与走廊联通的室内活动区域，而短坡屋面与二层的平台相对应。结构的布置，架构的设计都充分地考虑了它们各自所对应的空间（图3-11）。

"金山町立明安小学"（以下称"立明安小学"）位于冬季多雪的山区，当地学生在漫长的冬季，大部分时间都会在学校中度过。因此，"立明安小学"的设计中采用了钢筋混凝土的框架与木构架的混合结构体系，并通过设置具有大斜度的坡顶屋面，来应对冬季雪荷载的要求。在金山地区盛产杉木，这也是屋面架构采用木结构的重要原因。它不仅带来了温暖的感觉，还可以让学生产生对家乡的一种认知。考虑到学生在学校生活与学习的时间较长，"立明安小学"在设计中刻意强调了"大家庭"的理念，单元教室与走廊被整合为一个拉长放大的"民居"形式。从剖面上看，走廊的架构与教室的架构连成一体。通过坡面屋顶的斜度高差，内部净高较高的部分布置走廊，较低的部分为教室。并且，走廊的上部通过拱形架构，形成了类似于商业街道般的公共性格，它们与一侧教室上部的平行架构形成了动与静、高与低、公共与静谧等空间体验上的反差。在这个被放大的"家庭"之中，教室就好像一个个房间一般，给

（a）平面图

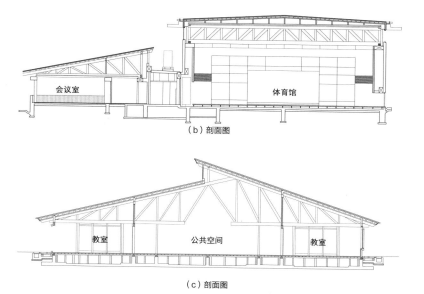

（b）剖面图

（c）剖面图

图3-10　熊本辉之森支援学校

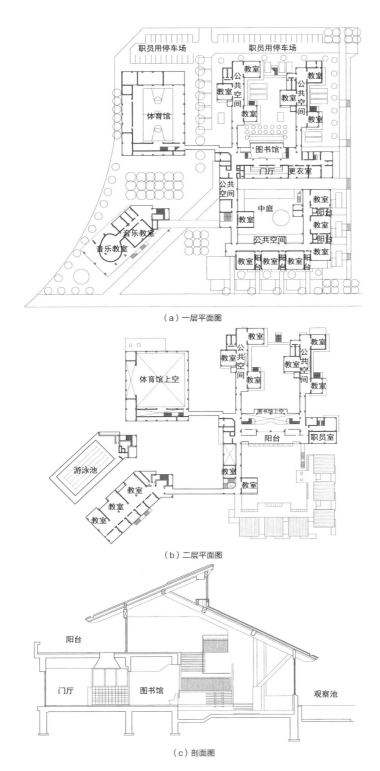

（a）一层平面图

（b）二层平面图

（c）剖面图

图3-11 印西市立印波郡野小学

予学生在家中感觉。木质结构所产生的这种空间体验，正是源自设计中对垂直向的结构与空间设计采用了相融合的态度，并获得了"立明安小学"内部教学空间中所具有的丰富视觉与体验效果（图3-12）。

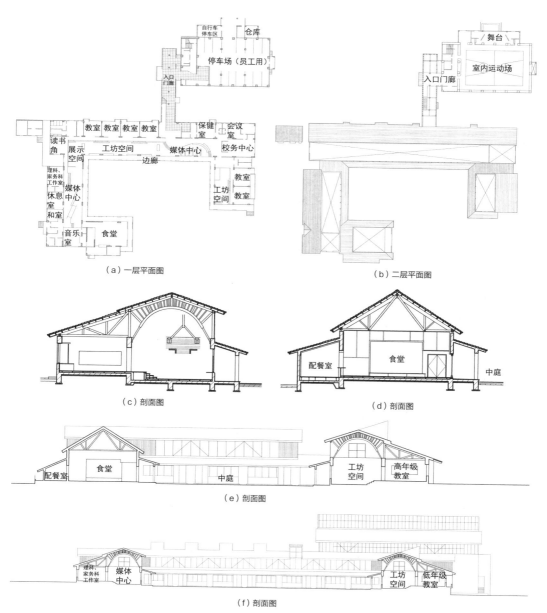

（a）一层平面图　　　　　　　　（b）二层平面图

（c）剖面图　　　　　　　　（d）剖面图

（e）剖面图

（f）剖面图

图3-12　金山町立明安小学

2. 弧形屋面架构

弧形屋面可以视作是坡形屋面的圆滑变形。不过，由于弧形与坡形在受力连续性上的不同，因此弧形屋面的屋面架构在形态上也会与坡形屋面有着明显的区别。如何将平滑的要素在学校建筑的外观以及内部的空间性格塑造上形成新的可能性，将会是弧形屋面架构的这些设计手法带给我们的启示。

"大洗町立南中学"（以下称"南中学"）位于茨城县大洗的临海港湾，是一所建于1953年的传统学校，采用了当时比较流行的钢筋混凝土框架结构形式。鉴于学校设施的老化，为了应对新的教学模式，对既有的"南中学"校舍进行改建，以打造茨城第一所开放式教学模式的学校成为设计的重要目的。重新建设的"南中学"由东、南、西三个体量的建筑围绕着被称为"伽利略"的内院组成，操场被设置在了建筑体量群的南侧。其中，南面朝向操场的是主教学楼。建筑物采用了钢筋混凝土框架结构，但是考虑到临海台风等自然条件的要求，"南中学"包括教学空间在内的建筑屋面都采用了钢结构的弧形坡顶。垂直方向上，轻盈的钢板屋面从框架结构中悬挑而出，覆盖住位于教学空间走廊一侧的半室外钢制楼梯，塑造了非常轻松活泼的表情，它们与教室一侧由钢筋混凝土形成的厚重立面之间形成巨大的反差，将学校建筑环绕内院的围合空间的公共性凸显出来（图3-13）。

"宇土市立网津小学"（以下称"网津小学"）是一所位于熊本市郊外的乡村小学。建筑的场地周围遍布着一望无际的平坦农田。场地的延展性成为这个学校建筑设计的主题之一。建筑的体量由南向北由三条横向布置的单元教室组合而成，除了中间条带的体量为二层外，其余两端的条带均为一层。钢筋混凝土框架结构的体系在三个条件的组合中被刻意地错动，并由此形成了内部教室不对位而获得连续层次。微微起拱的混凝土屋面不仅减小了屋面板的厚度，并且抬高了单元教室的空间高度，拱形屋面对应于单元教室并在一侧向外部延伸，由此获得了教室内部空间的一种半室外的连续性。条带的错动还造成了拱形屋面在条带之间的互相错位，并由此产生了不规则的高窗，它们给教室和走廊带来了非常规的通风、光线，还有更加开放的空间体验（图3-14）。

"吴市立川尻小学"（以下称"立川尻小学"）的场地邻近濑户内海。学校为了保证重修与正常的教学活动之间的灵活切换，在保留了一部分校舍的同时，拆除和重建了原来一部分的教学楼。新建的校舍基本采用了钢筋混凝土框架结构的体系，在规整的梁柱框架内，通过上下层空间的围绕式布置，形成了中部公共性较高的中庭挑空。

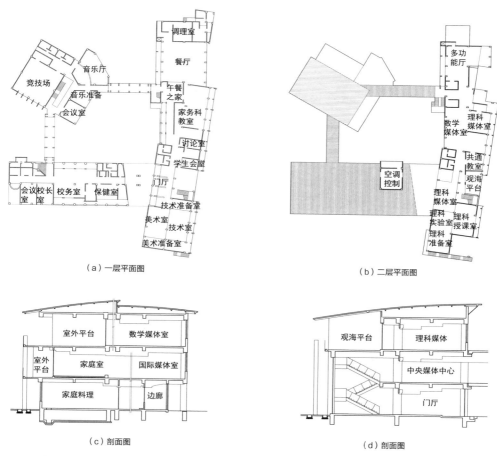

（a）一层平面图　　　　　　　　　　　（b）二层平面图

（c）剖面图　　　　　　　　　　　（d）剖面图

图3-13　大洗町立南中学

下部楼层规整的低年级教室与上部走廊扩大后半开放的教室单元形成学科型的教学空间形成了反差。上下楼层通过坡道连接，激活了中庭空间的动态体验。在上下楼层之间的三处楼梯被设计成为非常重要的空间元素，它们采用了轻盈的钢结构并直通屋顶，并各自形成了外观上也具有标志性的半弧形，纤薄的屋面板将这三处屋面的楼梯间刻画成轮船上的风帆一般，将场地的文脉通过这一手法融入建筑的形式之中。平坦的屋面在"立川尻小学"中被积极使用，这里是学生游戏、交往、活动的场地，同时还可以眺望不远处的濑户内海（图3-15）。

　　"山元町立山下第二小学"（以下称"山下第二小"）是一所"311东日本大地震"之后在灾区重建的小学，还承担了作为周围住民文化据点的社会功能。考虑到海

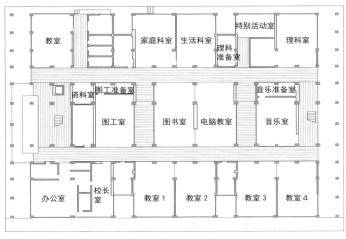

（a）一层平面图

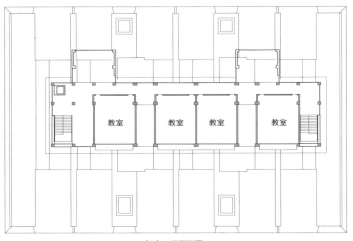

（b）二层平面图

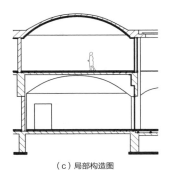

（c）局部构造图

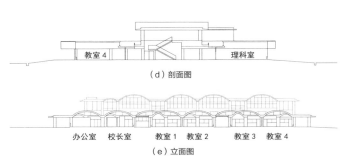

（d）剖面图

（e）立面图

图3-14　宇土市立网津小学

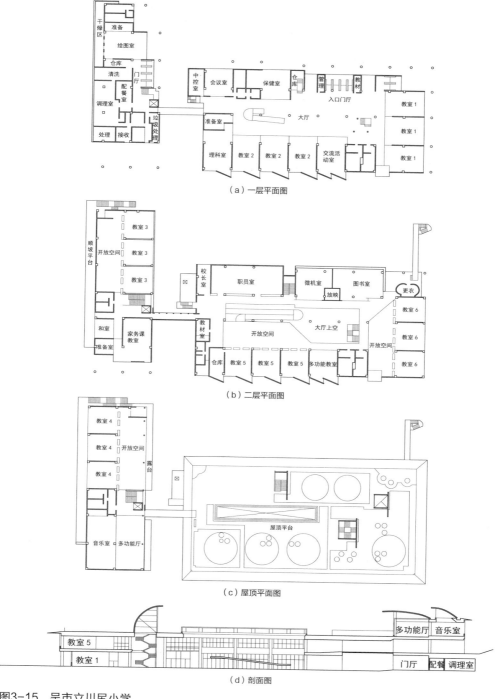

（a）一层平面图

（b）二层平面图

（c）屋顶平面图

（d）剖面图

图3-15　吴市立川尻小学

啸灾害对学校造成的影响，"山下第二小学"的一层部分作为住民的文化设施，二层为学校的主要教学空间区域。设计通过屋面上七个隆起的穹窿，分别覆盖下方相对应的教学单元作为空间上最大的特征。单个穹窿由中央的钢管柱作为支撑，在屋架上方通过木梁向四方辐射，形成伞形的结构。钢柱上方设置了雨水收集及太阳能集热设备，可以将屋面的光能转化为热能作为冬季室内空调的补充能源。因此，隆起屋面的斜度也充分考虑了阳光照射角度等条件，将环境技术与室内的空间效果相结合。一个穹窿屋面对应下方两个单元教室及其公共活动部分，单元教室之间通过不通高的木构架隔断，由此形成了一个个连绵起伏的、"同一屋檐下"的大家庭（图3-16）。

3. 平屋面架构

平屋面在外观上是最为普通和常见的学校建筑形象。通常，平屋面会给人以缺乏性格，单调乏味的感觉。但是，如果将支撑平屋面的结构构件的组合方式，或者说屋面架构形态加充分发挥的话，那么平屋面架构也会在教学空间中产生令人意想不到的空间塑造能力。

"伊东那小学"的教学空间是一座L形的二层教学楼，线性的体量通过体量的宽度变化，被分割成相对成形的三个区域。学校的一层部分主要布置了一些开敞的大空间，二楼部分则根据使用功能上的需要，设置了特别教室、图书室等不同的教学空间。设计师并没有将这些不同的使用区域通过墙面来进行划分，而是通过屋面的2m间隔的格构梁的高度变化，来对其下的空间进行了场域上的暗示与限定。格构的井字型梁由钢骨混凝土构成，钢骨部分是由槽型钢组合而成，并依据整体楼板的弯矩分布，形成格构各区域的高低错落，并以此来配置下部开放或封闭的功能场所。由于格构梁的起伏变化，"伊东那小学"二层的教学空间在一体化之中，又呈现出尺度的错落变化，获得了全新的空间体验和与众不同的教学空间（图3-17）。

"广岛市立基町高中"（以下称"基町高中"）位于广岛天守阁遗址附近，紧邻公园及太田川，景色优美，交通便利。为了适应周边城市的发展，学校在原有校舍的基础上，保留了既有的讲堂作为场地的记忆，除此之外的教学空间都被重建。由于场地狭小，并且新建校舍可容纳学生规模需要达到原有学校学生数量的2倍，整个教学楼采用了地上4层的L形体量，并以垂直向的空间体验作为教学空间的活性化手段。设计上将线性的教学空间，通过中间连续分布的狭长挑空中庭作为垂直向联系的公共部分，中庭两侧的走廊串联起各楼层的教室。"基町高中"的底部的一侧为二层挑空的外部，并由此将城市的风景通过中庭带入到教学空间之中。中庭的顶部以钢结构形成

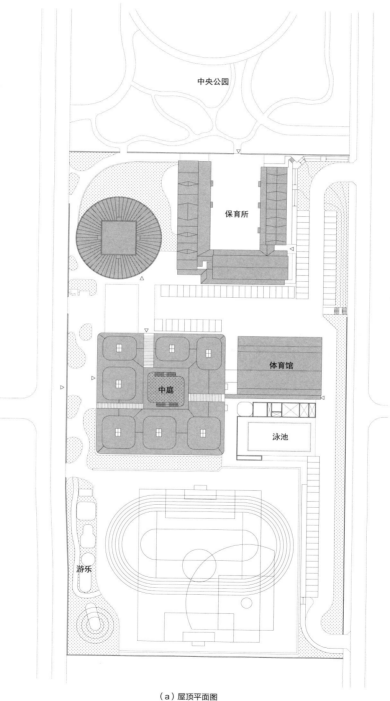

（a）屋顶平面图

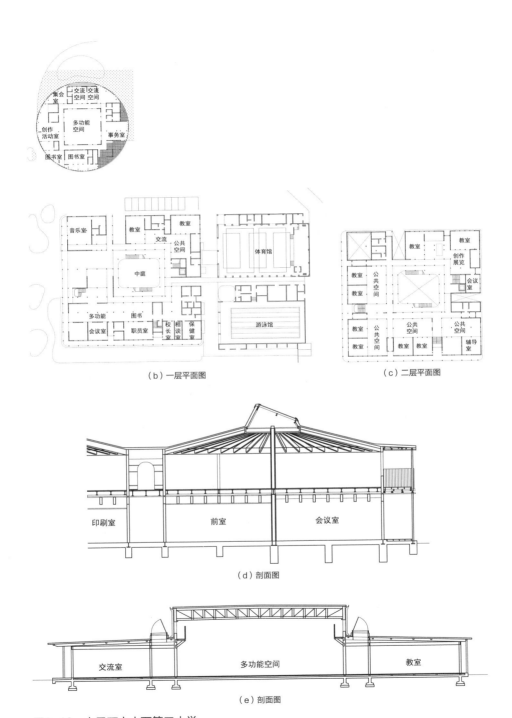

（b）一层平面图　　　　　　　　（c）二层平面图

（d）剖面图

（e）剖面图

图3-16　山元町立山下第二小学

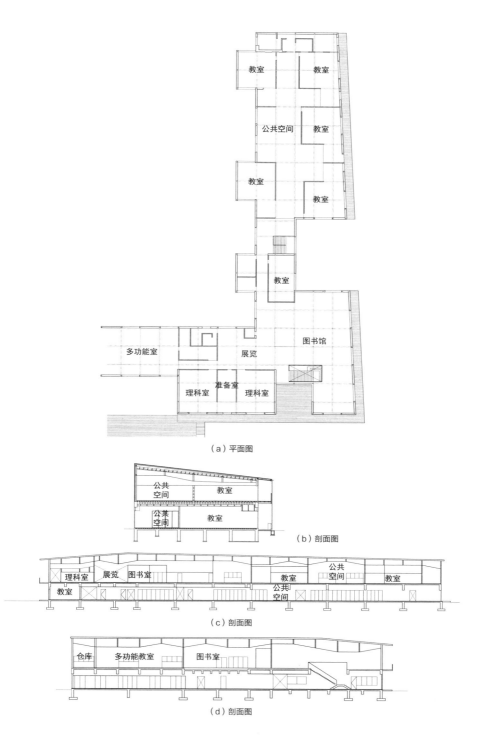

（a）平面图

（b）剖面图

（c）剖面图

（d）剖面图

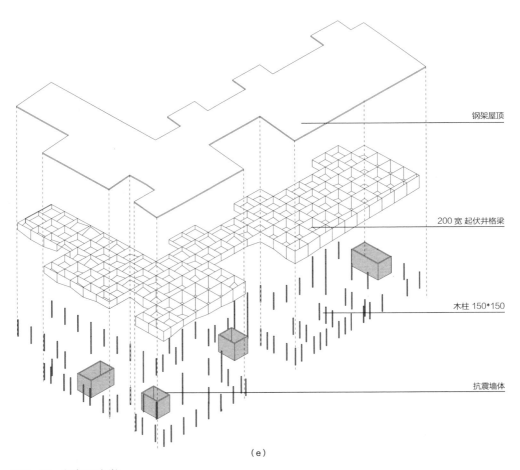

钢架屋顶

200 宽 起伏井格梁

木柱 150*150

抗震墙体

（e）

图3-17　伊东那小学

半悬挑的雨棚与玻璃天窗，形成了向上的开放走廊与公共空间。同时，为了将顶层普通教室的封闭感消除，设计中引入了钢结构桁架结构作为屋面的架构，设备管线在桁架之间穿越，照明等设置于架构的底部。折版状的桁架可以通过一侧的高窗，将自然光线导入室内，由此形成了更加高敞而明亮的普通教室（图3-18）。

"昭和町立押原小学"（以下称"押原小学"）位于甲府市南部，周围环绕着富士山、八岳山、南阿尔卑斯山等优美的群山风景。有着120年悠久历史的"押原小学"为了适应地区人口的增长，在拆除原有校舍的基础上，原址重新建造了新的校舍。以校区场地中央的杜鹃花丛作为学生活动与交流的内院，并以此为中心，在周边布置了教室、走廊、图书室、体育馆等功能用房。设计中，最有特色的是走廊串联的单元教室的长条形体量中，走廊的空间在垂直方向被放大，与台阶状垂直向布置的教室楼层形成对应。拔高的走廊空间将教室区域上下楼层的空间连成了错落且连续的一体，丰富了走廊的使用功能的同时，通过置入的图书室等公共性空间，使得走廊成为学校之中与内院相类似的室内交往中庭。由于低年级教室安排在下部楼层，高年级的教室布置在高楼层，位于交往中庭的大台阶也具有了象征性的意义，"成人的阶梯"在这里成为象征着学生们不断成长的精神标志。钢筋混凝土框架与木结构屋架体系，使得"押原小学"的空间足够安全。在此基础上，轻盈的顶部结构与外部光线、自然环境的渗入，都增加了走廊空间活力（图3-19）。

3.2.3　其他垂直向的空间与架构

学校建筑垂直向的空间与结构之间的融合，不仅可以形成不同的屋面形态及其架构，影响和改变建筑的外部形态和内部空间体验，还可以通过其他的手段，在充分挖掘结构要素的可能性上，获得建筑空间创新上的机会。

"福冈市立博多小学"（以下称"博多小学"）位于福冈市中心地带，周围中高层办公楼宇和住宅楼聚集，场地局限较大。因此，"博多小学"的建筑被设置成地下一层，地面五层。如何在这样的多层教学空间中将开放教学的理念，通过物质空间的营造，提升学生之间的互动与活力，是"博多小学"面临的最大挑战。两个矩形相连成L形的体量构成了"博多小学"的主要空间，其中一处矩形为体育馆、多功能厅的大空间，另一处南向的矩形体量被设置成了主要的教学空间。多楼层上下必经的楼梯空间成为这个学校最大的亮点。钢筋混凝土框架结构形成的教学楼在面向操场的主要立面部分形成了进退的平面布置，以及垂直向逐层退台的阶梯形剖面。由此，建筑获得

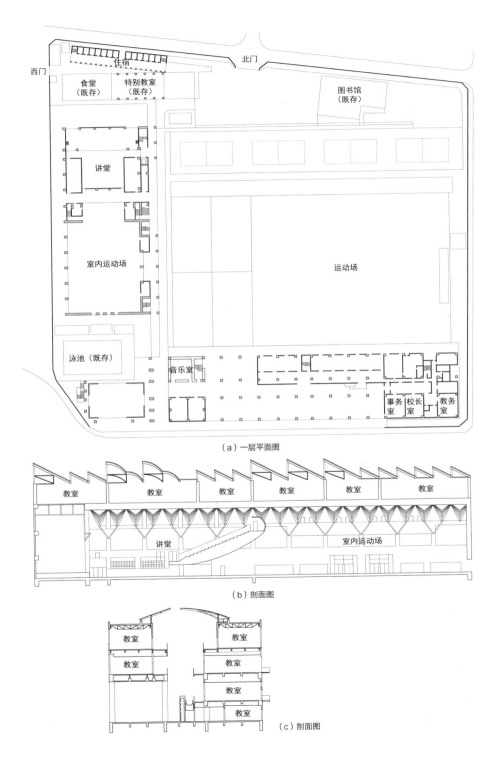

（a）一层平面图

（b）剖面图

（c）剖面图

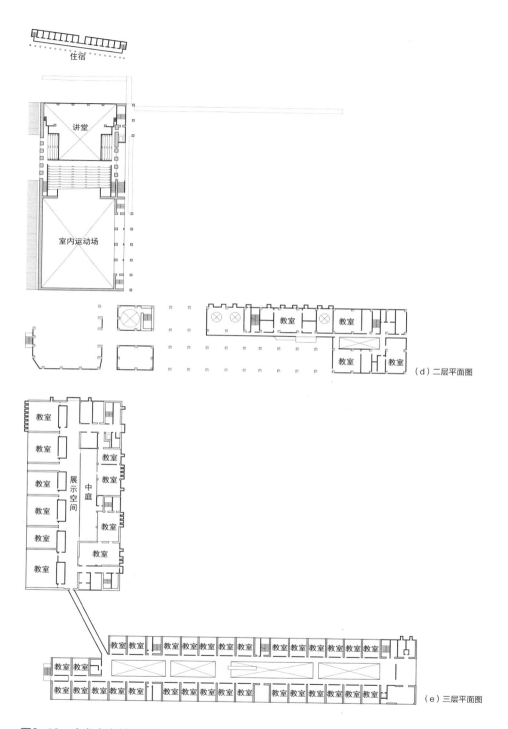

（d）二层平面图

（e）三层平面图

图3-18　广岛市立基町高中

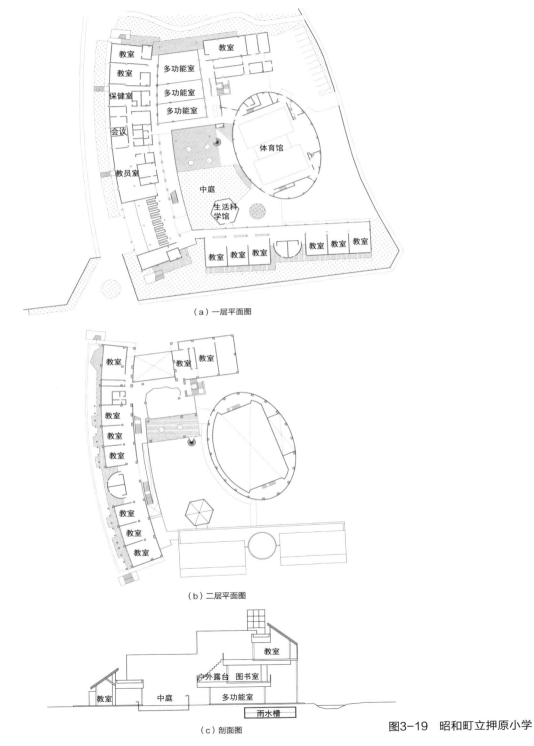

（a）一层平面图

（b）二层平面图

（c）剖面图

图3-19 昭和町立押原小学

很多屋面的平台及相邻教室之间的凹部。凹部设置了由钢结构形成的轻盈的室外楼梯，并将上下楼梯与退台部分的平台相连接。平台的木格栅地面可以让学生在这里将自己喜欢的植物尽可能地展现出来，成为教学空间中一处处非常有活力的功能公共区域。随着上上下下的楼梯带来不同的人流，教室内部的情景、操场活动场景与楼梯、平台之间，形成了丰富而有朝气的"看与被看"的愉悦（图3-20）。

"北区立田端中学"（以下称"田端中学"）位于东京田端住宅林立的区域内。在原来"第七中学"的场地内设置的这所"田端中学"不仅扩充了学校的设施，还承担了周围居民社区活动中心的功能。狭小而不规则的校址使得学校的教学空间只能采用八层高的多层体量。其中，一层部分与街道直接相连，提供了社区文化的使用功能，学生从面向街道的大楼梯从二层进入学校的教学空间。三层至五层均为整层的大空间，六层至七层设置了特别教室，八层为游泳池。在教学楼的中部，设置了上下双向呈交叉X形的剪刀楼梯，以及楼梯平台侧的交流空间，作为学校的学生交往的公共空间。场地狭小且周围有住宅区，"田端中学"在结构设计中充分考虑了施工的可能性以及造价、层高方面的影响，采用钢筋混凝土预制装配式的立面体系与核心框架的体系。其中立面部分采用了标准化的单跨通高单元拼装，在建筑物的短向采用了高强度钢筋混凝土现浇方式连接，长向采用了PC钢筋压接方式连接。在中部双向楼梯的长向，采用了预制装配式的格构钢筋混凝土框架形成内筒，外立面与内框架筒之间，采用钢梁搭接，并上铺钢筋混凝土楼板，来形成整体的结构。"田端中学"的立面如实地反映了结构与建造的结果。预制装配式的结构与施工，不仅大幅度地减小了大体量的学校建筑对周围住宅区的影响，同时也成就了"田端中学"内外空间上的"表情"（图3-21）。

"立川市立第一小学"（以下称"第一小学"）是一所2009年建成的与地区文化活动复合化的综合性小学。这所小学试图通过结构上的创新模式，来呈现教学空间全新的开放形式。在教学空间上的设计上，整体以2.7m为基本模数，形成了风车形布置的2.7m×3的正方形教学单元。整体布置上围绕着三处内院形成的教学空间中，利用2.7m的模数规定了钢筋混凝土墙面以及顶部井格梁的格构单元大小。在这一均质的模数网格中，教室与走廊之间以往的那种严格的划分被大幅削弱，使得整个教学空间呈现出一种流动而连续，但又不乏领域感的自由学习氛围。单元教室的领域被极大地释放了自由的同时，2.7m的墙体，以及由顶部的井格梁上设置的滑轨所控制的、装有黑板的灵活隔断，随时可以将单元教室组合成封闭的教学空间。开放与封闭的自由切换，造就了"第一小学"时时刻刻不同的教学空间体验（图3-22）。

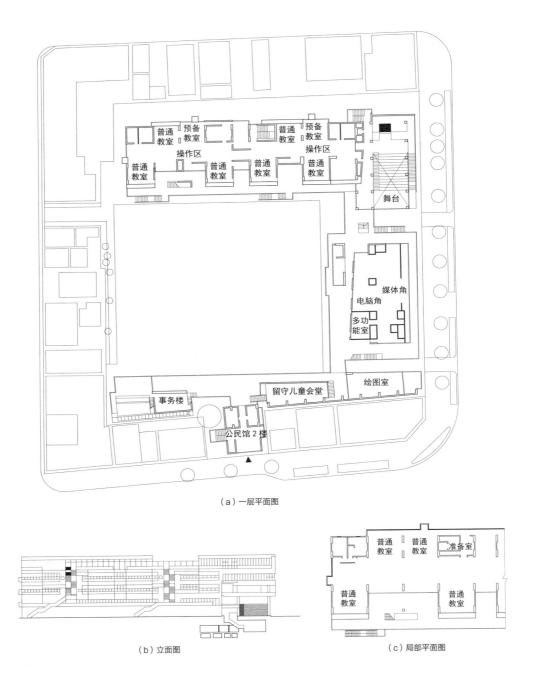

（a）一层平面图

（b）立面图

（c）局部平面图

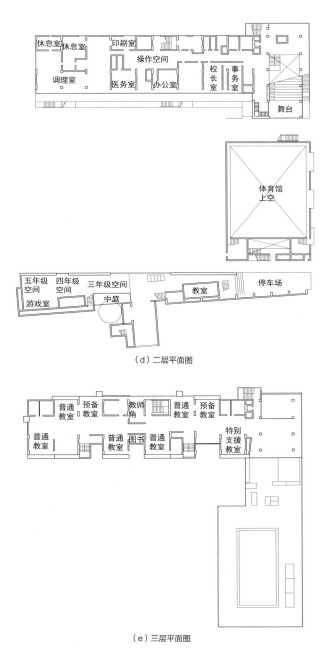

（d）二层平面图

（e）三层平面图

图3-20　福冈市立博多小学

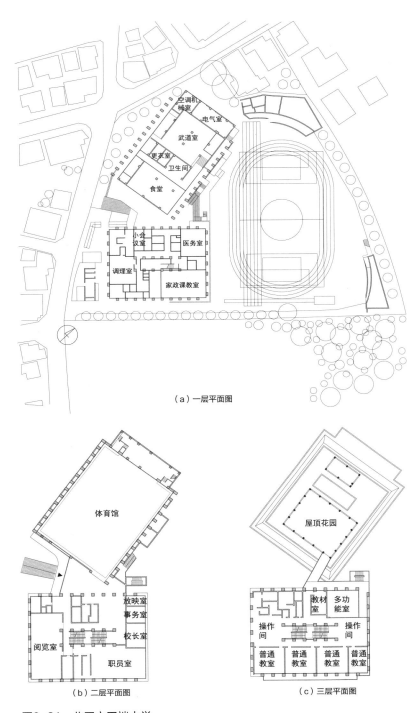

（a）一层平面图

（b）二层平面图

（c）三层平面图

图3-21　北区立田端中学

（a）一层平面图

（b）二层平面图

（c）三层平面图

（d）剖面图

图3-22　立川市立第一小学

　　始建于1935年的"东京港区高轮台小学"（以下称"高轮台小学"）在新时代的需求下，面临着既有校舍的空间改造和抗震性能补强的修整需求。"高轮台小学"的外观有着1930年代日本最初的现代主义面貌，具有十分珍贵和重要的文化价值。因此，空间改造和结构补强的设计只能从其内部着手，并对学校的外立面进行技术上的结构性能补强。"高轮台小学"的既有结构形式是钢筋混凝土的框架结构，设计中保留了这些原有的结构框架，并对其原有的教学空间的单元式教室重新进行了开放式的设置。利用原先教室与走廊处的相邻结构柱形成垂直向上下贯通的风道，有效地改善了建筑物内部的通风条件。既有的外立面碳纤维卷材包裹的方式，提升了墙体的抗剪性能。在新设置的教室单元之间的隔墙内设置了抗震耗能支撑，提升了整栋建筑物的抗震性能。改造中，保留了原先作为学校记忆的入口门厅及楼梯。由于场地十分狭小，拆除了原来的体育馆，并重新将运动馆设置于校门入口处的地下部分，并在运动馆的入口处，设置了与原先体育馆位置相同的下沉广场，在改善地下运动馆的采光通风条件的同时，将原来的"高轮台小学"的记忆也注入到焕然一新的学校之中（图3-23）。

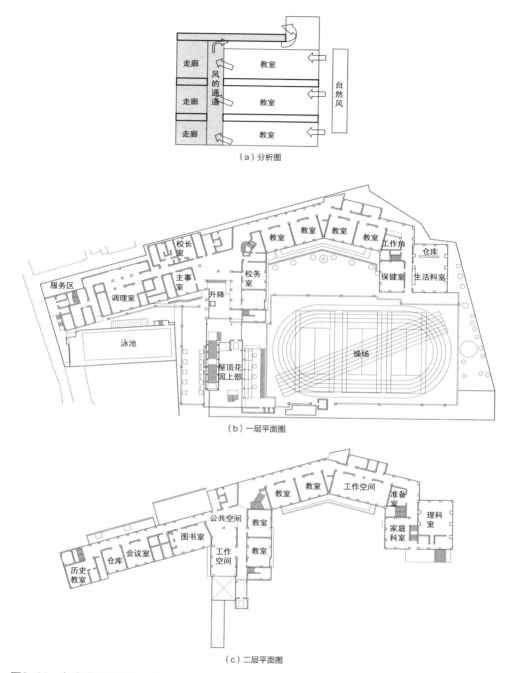

（a）分析图

（b）一层平面图

（c）二层平面图

图3-23 东京港区高轮台小学

第 4 章

外围护体改造与结构设计的融合

中小学建筑中，作为主体空间的教学楼，具备一定类型性、单元性，这意味着以中小学建筑类型作为研究融合结构性能提升的建筑改造设计策略的服务主体，有利于推演到其他建筑类型。其中，外围护体作为建筑外部的围护实体，其本身的含义经历了较多的变化。然而随着绿色节能理念越来越被重视，外围护体作为物理技术机能和功能空间的集成，其作为"空间体"的内涵开始被接受（图4-1）。外围护体广义上作为建筑物的外围空间，是指建筑物外侧的围合界面所构成的外层空间，主要包括对教室、办公室、校舍，体育馆产生围合作用的墙体、屋顶及外廊空间，可以作为融合功能设计、立面设计、热工环境设计的载体，最终将改造设计反映到空间中去。

通过主结构（main structure）、次结构（minor structure）的方式来认知外围护体的结构属性是有必要的。从整体上主结构包含了结构体受力状态下主要用于承担荷载的构件以及可独立的特殊结构体[1]（图4-2）。次要结构则涵盖与结构建造不直接相关的其余构件，例如家具、不参与承重的内部分隔墙体、家电设备及其安装构件等等。值得一提的是，一些次要结构构件，例如不承重的墙体、内部分隔墙，在主体结构倒塌时能够具备结构构件的作用，其作为主要结构还是次要结构都是不恰当的。而本文中，这部分被定义为"非结构构件"进行讨论，并通过改造设计的方式阐明其可以承担的结构作用。

这样一来作为外围护体的建筑构件，甚至包括作为空间的外围护体内所包括的家具、灯具等物件都可以以此逻辑被划分"结构性的"（structural）以及"非结构

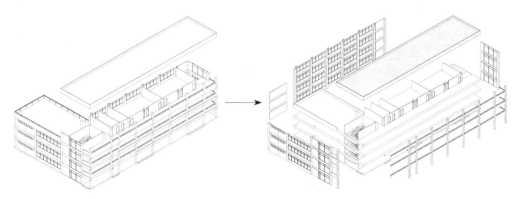

图4-1　对于中小学校外围护体的定义内容轴测图示

1　木村信之. 学校施設の質的改善を伴う耐震改修の現状と考え方（特集既存校舎の耐震補強とリモデルプランの研究）[J]. スクールアメニティ，2005，20（8）：30-36.

性的"（nonstructural）。相对应的所有构成外围护体的构件可以分为"结构性构件"（structuralcomponents）以及"非结构性构件"（non-structural components），而作为集合构件的物理空间则是外围护体自身（表4-1）。

（a）中心支撑框架CBF

（b）偏心支撑框架EBF

（c）屈曲约束框架BRB

图4-2　钢斜撑衍生形态

建筑中不同构件的结构属性及其对应的具体构件　　　　　　　表4-1

改造方式		特点描述
置入结构构件	钢斜撑或阻尼器	适用于框架结构；方法成熟；改变立面；不影响内部活动
	抗震墙	可结合平面布置；集成热工性能；改变立面，结合置物功能
	结构柱	常用于高层结构；改变立面
	结构体	不影响内部活动；改变室外空间；可结合垂直交通布置
	扶壁	不影响内部活动；改变室外空间；改变立面
加固既有结构构件	柱	改造方式成熟；内部空间尺寸受影响
	梁	改造方式成熟；需要结合既有结构、平面布置；调整净高
	屋面	常用于钢木屋架结构
增强结构构件间连接		改造方式成熟；改变柱梁形态

4.1 外围护体结构构件改造设计

依据前文中对外围护体构件的分类认识，结构构件是与建筑整体的结构性能直接相关的构件，除了通常认识下的竖向受力构件，例如梁、柱、楼板（屋顶）、基础等，抵抗水平荷载的结构构件在抗震研究中也至关重要，如剪力墙等。它们构成了建筑主体结构并使之能够承担竖向荷载，并抵御一定的侧向力。

不同于非结构构件在《建筑抗震设计规范》GB 50011—2010中有明确定义，各个规范中并没有对结构构件做出详细的定义，在结构相关规范《民用建筑可靠性鉴定标准》GB 50292—2015[1]中，对结构构件的鉴定，将结构构件以混凝土结构、钢结构、砌体结构、木结构四种结构类型进行了分类，可以看出，结构构件的内涵虽然早已约定俗成，但其包括的构件种类以及结构性能是随着结构类型改变而改变的（表4-2）。

尽管在建筑改造方案的评估体系需要考虑的因素众多，但回到改造这一设计行为本身，可以针对结构构件进行的改造方式则不是那么难以廓清。

从改造的结构构件分布的角度来看，综合不同改造措施的资料表明在大多数情况下，确定可行的改造方案的主要焦点是垂直方向的组件，如柱、墙、支撑等，这也符合我国结构中"强柱弱梁"的观点，因为它们在提供水平向稳定和竖向重力荷载抗力方面具有重要意义。垂直单元的缺陷是由过度的层间变形造成的，这种变形会产生建筑不可承受的力或变形。然而在不同的建筑类型中，理想状态下的墙体和柱子构成的系统足以承受地震和重力带来的荷载，而现实情况下结构构件之间不可能做到完全的刚性连接，那么地震带来威胁就尤为明显。随着抗震要求的提高，改造设计中重要的一个内容就是为了提高建筑物的结构性能，重新去补强这些结构构件，或者让他们更加紧密地连接在一起。总的来说，从设计操作角度和综合的结构原理看，建筑结合抗

---

1 中华人民共和国住房和城乡建设部. GB 50292—2015，民用建筑可靠性鉴定标准[S]. 北京：中国建筑工业出版社，2015.

不同结构类型对应结构构件的形态 表4-2

结构类型		
加筋砌体	预制混凝土-框架	砌体承重墙（未加筋）
混凝土框架-剪力墙	混凝土承重墙-剪力墙	混凝土承重墙-框架
钢-剪力墙框架	钢框架-砌体填充	混凝土框架
钢框架	轻钢框架	钢支撑框架
木结构轻质框架（单层）	木结构轻质框架（多层）	钢木框架

震性能提升的改造措施可分为三类：

1）整体抗震性能补强（Modification of global behavior），通过增加结构构件从而与其他不同的结构构件共同构成整体结构性能补强；

2）局部既有构件补强（Modification of local behavior），通过对既有的结构构件进行补强，增加其单个构件或者该类构件的结构性能；

3）连接性补强（Connectivity），保证单个构件不脱落于整个结构系统从而保证荷载的传递。

各种类型的改造措施往往在实施过程中并不是被单一使用的，而是综合实际的需求结合使用。对于绝大多数案例来说，一种措施使用的越多，就意味着利用同种结构原理补强的其他措施越少。对外围护体来说，显然建筑物的立面在框架结构的前提下会呈现出单元叠加的情况，常见的是提升较少的局部单元结构性能，例如梁柱的延性，增加钢结构斜撑补强等以提高建筑整体刚度；少数建筑物的顶面，也就是外围护体的屋面可以通过放置新的横向单元最大限度地减少连接性问题，形成横隔板来补强结构性能；然而连接部位的补强，如墙壁到楼板的连接，往往是最容易被忽视但确实行之有效的结构补强方式。

4.1.1　置入结构构件

对整体结构性能的提升通常集中在容易变形的部位，尽管在设计规范标准中通常会要求这些部位提高强度，随着设防标准的逐渐提高，既有建筑的强度往往跟不上时代要求。通常可以通过增设剪力墙或支撑框架的形式增大刚度来降低地震带来的变形。在增大刚度时，往往可以通过新构件和旧构件的组合添加或创建新的建筑整体结构（表4-3）。如前文有关抗震改造原理的叙述，这类复合改造的手段一般包括尽量闭合填充墙的开口、使用现有柱与弦杆成为新的剪力墙或支撑框架等。

另一种与此类改造方式类似的方式是增加耗能构件。可以通过增加被动能量耗散装置或阻尼器来控制整体变形。虽然这样的抗震措施严格意义上并不是抗震，而是消能，但在绝大多数资料中也都纳入抗震措施的手段中去讨论。尽管能量耗散装置和阻尼器可以有效地控制变形，但将力从设备转移到结构和基础的阻尼器上可能会产生较大的局部力，这些力对建筑内部的破坏作用也不容小觑。由于斜向的阻尼器形态上与钢斜撑有着非常多的相似之处，其对建筑空间的影响也是类似的，因而放到一个小节中讨论。

置入外围护体结构构件的方式

表4-3

	轴测示意	案例示意
斜撑		
抗震墙		
柱子		
结构体		
挂壁		

1. 钢斜撑或阻尼器

钢斜撑（Bracing）作为抗震加固中最为常见的手法，相关的案例十分丰富。一方面，钢斜撑可以置入的位置多样，除了建筑体主要结构构件界面上，也可以是置放在非结构构件例如隔墙、栏板中以提高结构的刚度和承载力；另一方面，钢支撑加工施工简易，可以通过预制化的方式批量生产、运输、安装，且安装后不会过分影响建筑的采光或内部空间的布局。

同时，钢斜撑的形态丰富，其种类与受力方式相关，其带来的对建筑空间上的影响也不尽相同。传统的带支撑框架有中心支撑框架CBF和偏心支撑框架EBF。两者支撑的交点不同，前者的交点通常位于中心而容易形成有规律的立面效果。后者往往可以减少对框架单元的阻挡，甚至结合曲面造型，形成新的拱顶效果。相较于不利于能量耗散的支撑屈曲，屈曲约束支撑BRB形式则以耗能减震为主，形式也更加多样（图4-2）。

在2009年袭击阿奎拉的灾难性地震中，天主教学校圣玛利亚德格利安杰利学院(Istituto Santa Maria degli Angeli)受到严重破坏，甚至被宣布为不安全学校。这座历史建筑群占据了紧邻城墙的整个街区，主要建于文艺复兴时期和15世纪，工程师帕莱诺（S. Perno）和罗西卡内（S. Rossicone）考虑到建筑的两个部分之间存在着从2层到6层高度变化的纵断面，首先，在抗震改进的设计方案中，研究了三种可能的解决方案：在既有结构的基础上加入RC剪力墙，引入隔震器，引入同心支撑CBF。经过模态分析，建筑物采用同心支撑CBF的方式得到的抗震效果最佳。经过精细的计算，这些支撑构件被置入在固定的结构跨上，而立面上为了保护原有的建筑形象不被颠覆，以格栅的形式将这些构件进行了适当的遮盖[1]（图4-3）。

由于钢斜撑普遍适用于框架系统而屡屡被应用，然而这样的做法在以保护修缮为主的意大利建筑改造设计中并不容易被接受。与此类似的是在卡普契尼学校（Cappucini School）的改造中，也选择将钢支撑置入到建筑内部中，根蒂略费尔米学校（School Gentile-Fermi）将斜撑放置于侧墙，并与建筑窗墙构件粉刷了相同的颜色。尽管在20世纪抗震设计中钢斜撑的形式屡屡出现在美国的高楼大厦中，形成富有表现力的钢框架外立面，但对于建筑改造设计这一话题，其置入的方式仍然需要结合

1　Pugnaletto M, Paolini C. Towards a safe school. Case studies on seismic improvement in existing school buildings[J]. Tema: Technology, Engineering, Materials and Architecture, 2018, 4(1): 38-50.

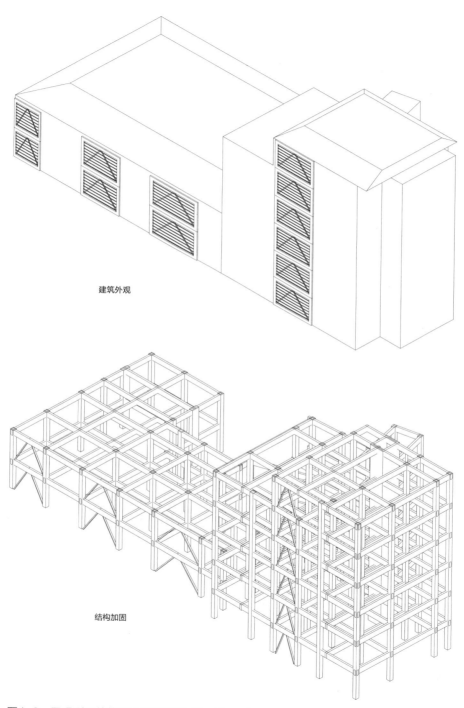

建筑外观

结构加固

图4-3　圣玛利亚德格利安杰利学院（Instituto Santa Maria deli Angeli）

空间效果谨慎考虑[1]。

与支撑型的钢构件相比，阻尼器的构件则更为复杂，一般来说其构件的直径相较于钢斜撑有所减小。由于其分布的位置与形态都和钢斜撑类似，也有大量的案例采取隐藏阻尼器，或者内置的做法，以减小其对空间形态的改变。

2. 抗震墙

相比于增加钢斜撑的方式，增加抗震墙则更加简单直接，但也极容易改变原本建筑内部的平面使用。在布鲁内莱斯基学校的改造案例中，增加抗震墙的方式无疑是结合外围护体设备环境性能和结构性能共同提升的最佳选择[2]（图4-4）。学校建于20世纪70年代初，在功能、能源和地震方面存在许多不同的问题，由于这所学校接纳了相当一批残疾学生，对于长时间的改造过程，必须设置外部消防安全楼梯和外部升降机，供学生进入教室。设计方案起草经过了与工程师帕莱诺（Perno）和加诺瓦西（Genovesi）充分讨论。安装短斜坡将中庭将转化为真正的交通核心，残疾学生不再被迫进入次要入口。从而随着抗震墙的加入，以及对内部功能、交通的重新排布，建筑物的流线得以优化。

抗震墙的设置除了可以改变功能布局，优化能源环境外，由于其不能够大面积开洞，对建筑物的外立面和空间也有较大影响。鹤町立半田小学管理教室楼的改造将部分外立面更换为有局部开洞的抗震墙，由于墙体的加入改变了原有底层的通透效果，墙体的位置在原有的立面基础上做了对称的摆放，形成对称的虚实对比立面效果。与此不同的做法是将抗震墙进行井格化的处理，在名古屋中心大厦中，抗震墙体和网格状的钢板组成的"棋盘"交替分布，形成了全新的立面效果，同时这种棋盘式的抗震墙也可以点缀绿植、摆放书籍，丰富内部空间，形成特殊的家具。

3. 结构柱

与增加钢斜撑的方式类似，增加结构柱的方式往往也会对既有结构起到补强的作用，且考虑到施工便捷，常常采用钢柱甚至是钢梁一体的结构对建筑物进行补强。由于大多数多层建筑物受到地震作用时，由应力集中引起的最突出的问题便是"软首

1　Georgescu E S, Georgescu M S, Macri Z, et al. Seismic and energy renovation: a review of the code requirements and solutions in Italy and Romania[J]. Sustainability, 2018, 10(5): 1561.

2　Pugnaletto M, Paolini C. Towards a safe school. Case studies on seismic improvement in existing school buildings[J]. Tema: Technology, Engineering, Materials and Architecture, 2018, 4(1): 38-50.

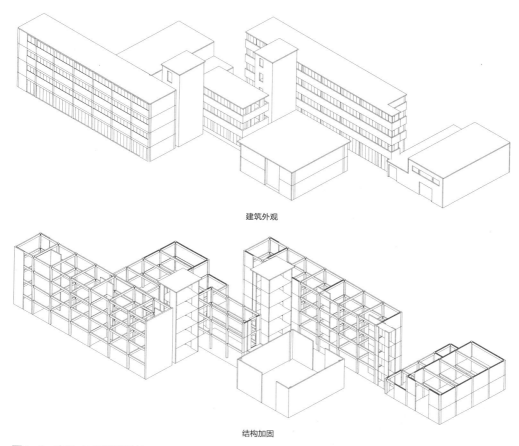

建筑外观

结构加固

图4-4　布鲁内莱斯基学校

层"，这样的表述通常用于那些地面层的刚性不如上层的建筑物强的建筑物。任何高度的建筑物都会向建筑物的底部传递荷载，因此第一层和第二层之间的荷载传递不连续会导致严重的状况。解决这一问题的有效办法就是增加首层柱子的数量（图4-5）。

在旧金山商业的抗震改造中，一个行之有效的办法就是打破原有的首层界面，置入钢柱或者钢制力矩框架。这样的改造可以置放于原有的结构界面内外，且通常由于新材料的加入，将改造的钢柱或者框架与原有的墙体区分，形成新旧对比，这样的改造也帮助原有的首层界面变得更加开放[1]。

1　Arnold C, Bolt B, Dreger D, et al. Designing for earthquakes: A manual for architects. FEMA 454[J]. Federal Emergency Management Agency, 2004.

图4-5 首层需要抗震的原因及措施

4. 结构体

对整体结构的添加，在技术上则需要集成更多复杂的内容。作为结构师Alessandro Balducci的一项专利，用刚性摇摆塔和黏滞阻尼器设计组成的结构体，如"塔"横亘在建筑外围护体的外部。在建于20世纪60年代的意大利瓦拉诺学校（School Varano）改造中，两栋钢筋混凝土框架结构组成的独立建筑被附加了两座这样的结构体，且与外部平台和室外楼梯共同设计[1]（图4-6-1、图4-6-2）。改造干预于2012年完成（用时约7个月），学校活动未中断。改造的结构体通过底部的黏滞阻尼器可以耗散大量地震能量，在中等烈度地震破坏下令既有的钢筋混凝土结构构件保持弹性。两座钢支撑塔通过钢桁架连接到平台上，由外挂楼梯直接通向地面。

离意大利拉奎拉不远的克罗切高中（High School B. Croce）是一座多体量的钢筋混凝土建筑，建于20世纪60年代，同样要求在不影响内部活动的情况下进行抗震改造。建筑物的抗震改造通过六个外部耗能塔连接到每一层，每个体量有两个耗能塔保护，由伸缩缝分开（图4-7）。同时这些耗散塔被作为电梯使用，改变校园外部空间的同时，限定了更加明确的四个广场，同时优化了校园内部流线。

置入结构阻尼器形成的"塔"，不仅可以在立面形式上对原有的建筑物作出较大的改变，同时由于其钢框架的结构特点，也可以承载更多的空间内容改变建筑物的功能、交通流线，例如外置楼梯、电梯、钟楼、天文台等。

5. 扶壁

扶壁（Buttress），首先让人想起的是哥特式教堂中极具辨识度的飞扶壁，在建筑物的一侧或两侧采用钢筋混凝土支撑来支撑建筑物，使其能够承受水平地震力，并确

---

1 Roia D, Gara F, Balducci A, et al. Dynamic tests on an existing rc school building retrofitted with "dissipativetowers" [C]//Proc. of 11th Int. Conf. on Vibration Problems, Lis bon, Portugal. 2013.

图4-6-1　瓦拉诺学校

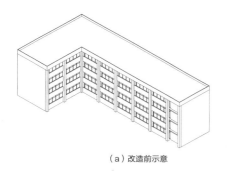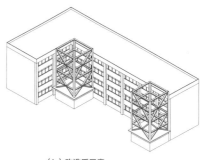

（a）改造前示意　　　　　　　　　　　　　　　（b）改造后示意

图4-6-2　瓦拉诺学校改造示意
这种改造设计室外作业，不影响内部活动塑造室外平台和楼梯，改善交通，附加结构体与建筑形象差异化

保将载荷转移到基础上。其支撑建筑物侧推力的用途不仅在教堂建筑中的拱顶可以应用，也可以将其添加到较旧的砖石建筑中，作为加固措施。因而这类形式不仅在具有纪念意义的教堂中广为使用，在地震多发且砖石建筑为主的地区，例如意大利、葡萄牙、秘鲁或印度的地方乡土建筑中，都可以看到扶壁的身影。

　　扶壁还可以增强结构的基础，同时也可以成为带有功能空间结构构件。同时，这种加固方式也具备只在建筑物外部施工作业，而不会破坏建筑物内部的活动的优势。然而，这种构件的增加也会对建筑物的形象有较大的改变，对于立面形式的设计也会带来新的问题。从索菲亚安提珀利斯办公楼（Sophia Antipolis office building）的修缮中可以看到对于直达三层建筑的混凝土扶壁在立面上产生了巨大的影响，并带有一定压迫感，尽管扶壁厚度较薄且在其中开设门洞，扶壁对原有通过旋转外挂楼梯的构成的立面仍然是颠覆性的。

图4-7-1　克罗切高中

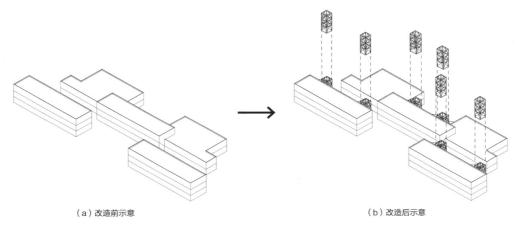

（a）改造前示意　　　　　　　　　　　　　　（b）改造后示意

图4-7-2　克罗切高中改造示意
这种改造室外作业，不影响内部活动，结构体划分了室外空间广场，结构体与电梯共同布置

　　而在高根江岛（Takane Eshima）某大楼中采用的扶壁结构体由于使用了钢桁架来代替混凝土整体浇筑的做法，结合建筑原有的钢结构，显得轻盈很多，与雨篷结合设计的方式也不会显得十分突兀。

4.1.2　加固既有结构构件

　　除了提供影响整个结构的改造措施外，还可以消除既有结构构件的缺陷。这可以通过增强构件的现有抗剪强度或抗弯强度来完成，或者简单地通过允许附加变形而不会损害垂直承载能力的方式改变构件来实现。

　　考虑到在大多数情况下，结构构件的屈曲（即变得无弹性）是地震作用下的主要破坏形式。可能发生屈曲的部分可以通过结构分析及结构评估来确定，并可以通过多种方式进行局部改造来控制。通常情况下，可以加强框架中的柱子和支撑中的连接，并且可以增强柱子和墙抗剪能力，使其比可传递的剪力更强。

提高结构的延性，是希望通过提高结构的塑性变形能力，使其能够在地震作用下耗散更多的能量，进而减小结构的地震的响应。混凝土柱可以用钢，混凝土或其他材料包裹，以提供约束和抗剪强度。混凝土和砖石墙可以用钢筋混凝土、钢板和其他材料增强内部拉接。玻璃或碳纤维和环氧树脂的复合材料可以增强柱子的剪切强度和密闭性，并为墙提供强度。

但由于这样的局部加固均会使建筑的结构构件尺寸发生改变，通常应用在室内的时候也会对内部空间产生使用上的影响，因而多用在外围护体加固的过程中，并结合其原理进行整体的改造。

1. 柱

混凝土柱可以用钢、混凝土或其他材料包裹，以提供约束和抗剪强度。混凝土和砌体墙可以用钢筋混凝土、钢板和其他材料加固。碳纤维和环氧树脂复合材料可以增强柱的抗剪强度和约束，并加固墙体。几种加固手法虽然使用材料与施工方法不同，但对构件的形态影响都是增大了构件的截面积。如果构件所在环境的空间较大时，常会在加固层外再包裹装饰层。ANA长崎格莱巴皇冠广场酒店大厅内的柱子经过混凝土包裹后，原有的柱子截面由于过大对大厅空间效果产生了较大影响。通过二次室内装修的方式，结合灯光与导光材料对其进行包裹，显得更加轻盈。

钢筋混凝土护套（Jacket）是混凝土构件修复中最常用的方法之一（图4-8）。从原理上，护套的使用与增加截面积的方式相同，但施工方式更为便捷。钢筋混凝土护套技术的主要优点是横向承载力均匀分布在整个建筑结构中，从而避免了其中只增加少量剪力墙时产生的横向抵抗荷载集中。该方法的一个缺点是梁的存在，需要在建筑物的梁柱交接处做新的加强。

2. 梁

梁加固的方式与柱类似，其原理大多仍然是增加结构构件的截面积。一般做法有采用铁丝网加固梁，利用碳纤维和环氧树脂复合材料喷涂加固于结构体上，以增强梁的抗剪强度和约束（图4-9）。同样这样的方式也会带来结构构件在视觉上的增大，需要通过外部二次装饰的方式削弱其效果。

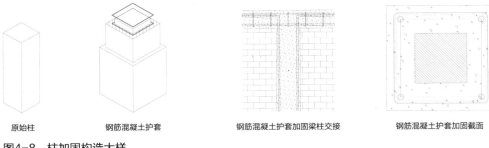

原始柱 　　　 钢筋混凝土护套 　　　 钢筋混凝土护套加固梁柱交接 　　　 钢筋混凝土护套加固截面

图4-8　柱加固构造大样

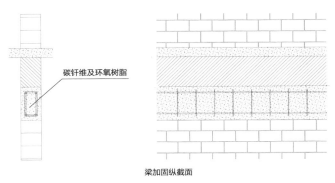

碳钎维及环氧树脂

梁加固纵截面

图4-9　梁加固构造大样

　　另一种方式是结合柱体、墙体共同加固设计，共同加固的方式无论是从截面积还是连接上都增加了结构系统的强度，但由于其对内部功能空间、外部立面效果的影响较大，对综合设计提出了更高的要求。

　　不同于以上的案例都是通过"增大"构件截面尺寸来实现加固，在云雀丘住宅的更新案例中却是"减小"截面尺寸。一方面将原建筑的小空间扩展为大空间，将部分分隔空间的填充墙撤去，并将同一位置的袖壁与联系梁撤去。另一方面，为了弥补撤去构件对结构的影响，增设了扁平梁，这使得相邻空间的连通性更强。

　　3. 屋面

　　屋顶的加固可以通过对屋面楼板与屋顶桁架整体加强（对于坡屋顶），以及直接加强楼板本身与各类构件的水平向拉接实现。

　　由于在世界范围内，大量地震多发地区都存在使用木屋架与砌体结构结合的方式，加上木结构可以就地取材，因而容易通过加工木材的方式进行加固，设计更加具

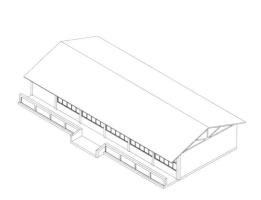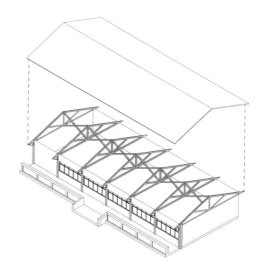

图4-10　东南亚SDN Padasuka Ⅱ学校

有整体性的木结构屋架。对于国内传统的穿斗式屋架做法，在屋顶处增加屋架之前的斜向拉接可以有效提高其抗震性能。在东南亚SDN Padasuka Ⅱ学校中，设计采用了钢屋架加固外围建筑物的方式，同时在原有的梁下方增加了圈梁，同时与屋面板的屋顶拉接，达到了整体结构性能提升的效果[1]（图4-10）。

4.1.3　增强结构构件连接

连接性（Connectivity）通常指代的是在荷载传递路径内，如抗震墙与楼板的连接、楼板与垂直抵抗侧向力构件的连接、垂直结构构件与基础的连接、地基与土壤的连接等。一般来说结构系统需要保持一条具有最小强度且完整的荷载传递路径，因此连接性的缺陷通常是一个严重的问题。这也是预制化吊装楼板等做法中常常在地震中失稳的原因，因为预制化构件的装配施工显然在连接性上不如整体浇筑的做法。这些连接上的缺陷也常常是抗震设计中最容易被忽视的。然而仅从施工加固的角度来说，连接性的补强对于结构构件作用直接，并无难度，通常这些做法可以理解为增加结构

1　Shrestha H D, Pribadi K S, Kusumastuti D, et al. Manual on Retrofitting of Existing Vulnerable School Buildings-Assessment to Retrofitting[J]. 2009.

构件之间连接的节点数量，或者连接处的截面积。

连接部位的加强从形体变化来看较直观的做法就是增大梁与柱相连接的面积。在标准石油大厦二次加建时，额外添加的钢框架需为坚固的板式弯矩框架，以适应由此类高大建筑物可能面临的地震力。框架采用了顶部和底部更紧密焊接的铆接框架。这样的结构加固办法可以通过对门洞进行拱廊式的二次装饰遮掩。

类似的加固方法在笹冢的集体住宅中则体现为对室内梁柱结合部进行加强，呈现出树状结构柱梁的形态，丰富了内部空间。

4.2　外围护体非结构构件改造设计

　　依据《建筑抗震设计规范（2016年版）》GB 50011—2010中叙述："非结构构件，包括建筑非结构构件和建筑附属机电设备，自身及其与结构主体的连接，应进行抗震设计。"其中，"附着于楼、屋面结构上的非结构构件，以及楼梯间的非承重墙体，应与主体结构有可靠的连接或锚固，避免地震时倒塌伤人或砸坏重要设备"等一系列要求主要针对非结构构件在地震时倒塌、脱落伤人的情况，针对"框架结构的围护墙和隔墙，应估计其设置对结构抗震的不利影响，避免不合理设置而导致主体结构的破坏。"根据《非结构构件抗震设计规范》JGJ 339—2015中对"非结构构件"的定义，非结构构件（Non-structural Components）是指"与结构相连的建筑构件、机电部件及系统"，"建筑非结构构件"则包括了非承重墙、顶棚（吊顶）、楼梯、雨棚、女儿墙、装饰面材、大型储物柜等，它们为建筑的正常使用、安全防护、耐用美观等提供了重要的保障，是建筑物的重要组成部分[1]。

　　结合前文表1-1中内容，广义上说，非结构性构件是指除主要结构以外的结构构件，例如柱，梁，剪力墙和楼板以外的一切构件，包括固定的设备装置与家具等物品。从狭义上讲，该术语表示建筑物中附着于主要结构且不具备提供结构性能的构件。非结构构件提供了各类设备、家具来实现建筑功能，而结构构件为非结构构件的安装提供了建筑空间。本文中，外围护体中非结构性构件包括所有在次要结构中对结构体的荷载产生作用的构件，包括固定装置、设备及家具等。换言之，此部分讨论的内容涉及地震过程中可能因为坍塌、错位、移动而对建筑物内人员或建筑本身造成伤害的构件。

　　依据国内外研究，土木专业中对于非结构构件的定义分类方式可以通过其结构性

1　中华人民共和国住房和城乡建设部. 非结构构件抗震设计规范：JGJ 339—2015 [S]. 北京：中国建筑工业出版社，2015.

能水准进行分类。此外，也有依据动力特性、地震响应特征、固定方式进行补充定义。显然这样的定义与分类不利于建筑师认知到这些构件蕴藏的设计内涵，过多地纠缠其性能或连接方式会使对于改造方法的讨论过于复杂。

非结构构件完全可以通过与结构构件一体化设计形成具有结构补强作用的整体，同时也可以增强非结构构件对于结构构件的附着关系，达到加固的作用。通过对非结构构件的进一步介绍，说明了非结构构件在地震时可产生的正面负面影响，强调了其重要性和被设计的可能性。本小节结合非结构构件对抗震系统的影响，对非结构构件进行系统化分类，将不同类别的构件及对应的改造方式列举分析，进一步加强建筑设计对空间利用繁杂系统的认识，也为后文综合各类构件形成完整的外围护体空间进行改造设计作铺垫。

建筑中非结构系统和构件是指建筑物中与建筑物主要荷载传递路径中脱开且不属于抗震系统的所有部分。通常，它们是通过连接于主要结构系统，传递荷载从而支撑自身的重量，实际上，非结构系统和组件的数量和复杂性远远超过建筑物的结构组件。也正是因为这样的复杂性和非结构性使得非结构构件往往在结构设计中被忽视。然而其对于抗震设计有着如下影响：

1）非结构构件在结构整体坍塌等特殊情况下可以起到支撑作用。

尽管非结构性构件的设置并非提高抗震性，但在自然灾害下，非结构构件也会有其特殊的作用。跨过结构柱的刚性非结构墙将改变结构系统的局部刚度和延性，可能会产生应力集中造成倒塌；而在另一种情况中，与主体结构的连接也会让非结构构件在主体结构倒塌时产生支撑作用。1983年的美国加州科林加地区（Coalinga）地震中，轻质分隔墙在屋面塌陷时反而给整体起到了支撑。这样的案例让非结构构件具备了结构构件的作用。反过来举例，如果建造过程中不在用于承重的钢筋混凝土墙中置放钢筋，则结构构件也会以非结构构件的状态失去结构作用。

2）非结构构件在地震灾害来临时会因为移动、解体等情况造成人员损伤。

抗震设计的主要目的是保护生命安全。然而，非结构性构件，尤其是天花板、设备和各种固定装置，由于其本身的结构性质，本身的不稳固性使得其更容易损毁、脱落，对使用者造成重大伤害，这样的构件在地震时的危害就更加不言自明。2001年3月日本芸予地震，2004年10月新潟县地震以及2005年3月福冈州西部近海地震中，统计显示有很多人员受伤来源于体育设施内遭受到天花板掉落。据有关2008年汶川地震中相关受损学校调研资料表明，一些在地震中尚未倒塌的学校建筑由于外墙饰面的大量脱落造成人员的伤亡，还有大量的受损学校中崩塌的楼梯阻碍师生及时逃生，造成伤亡。

　　学校中不同设施作为非结构构件中重要的门类，孩子们在学校学习和玩耍活动都与学校配备的各类设施息息相关。确保学校设施的抗震安全，将减少地震对学校的人员伤亡甚至避免主体结构的破坏。综上，基于非结构构件的建筑抗震设计是有必要性的。

　　日本出版的《学校设施质量提升抗震维修手册》一文中将这些非结构构件进行了19类详细的分类并提出了对应的改造加固方法。其中包括①天花板、②窗户、③外墙侧板（非承重）、④灯具、⑤室外机组单元（空调机组等）、⑥抬升的消防水池或冷却塔、⑦烟囱、⑧冰箱、⑨书架及储物柜、⑩电视电脑、⑪钢琴、⑫机械工具、⑬特殊用品的储藏柜、⑭体育设备、⑮鞋柜、⑯门柱、⑰外部楼梯及环境、⑱挡土墙、⑲其他[1]。

　　而FEMA-454中总结的类别则更为抽象，按照非结构构件的功能作用进行分类，具体分为：①建筑类、②电气类、③机械类、④垂直管线类、⑤通讯设备类、⑥其余家具和所囊括的内容。

　　以这两种分类方式为前提进行比较，不难发现前者分类倾向于事无巨细的枚举方式，以细致的划分试图囊括所有的类别，而后者则是以抽象的大类进行区分，难免互有重叠和含糊。综合上述两类分类的逻辑，可将结构构件分为如下4类（表4-4）：

外围护体非结构构件分类及其可能造成的危害一览　　　　　　　　表4-4

可转换构件		受灾害情况
建筑类构件	1. 顶棚	
	2. 窗户	
	3. 隔墙	
	4. 烟囱	

1　木村信之. 学校施設の質的改善を伴う耐震改修の現状と考え方（特集既存校舎の耐震補強とリモデルプランの研究）[J]. スクールアメニティ，2005，20（8）：30-36.

可转换构件		受灾害情况
建筑类构件	5. 外部楼梯	
	6. 栏杆	
	7. 女儿墙	
家具类构件	8. 书架及储物柜	
设备电气类构件	9. 体育设备	
	10. 教学设备	
	11. 建筑设备	
管线类构件	12. 灯具	
	13. 管道管线	

建筑类构件：对建筑空间的封闭使用、功能布置、疏散交通有作用的构件；

家具类构件：对建筑空间功能使用有一定作用的家具；

设备电气类构件：保证建筑使用的必要电气设备；

管线类构件：与电气设备相关并集成于吊顶且需要管线连接的构件及管线自身。

前两类构件在应对地震时不仅仅需要加固其与主体结构的连接，以保证不会解体，还可以通过改造的方式进行由非结构构件到结构构件的转换，实现整体抗震性能提升。

本文试图从非结构构件对地震作用下可能出现的两种情况入手，反推其改造设计方法：

1）将非结构构件转化为结构构件，使其具备应对不同方向荷载的能力或者在主体结构坍塌时承担一部分的结构支撑作用。值得注意的是此类改造方法仅适用特定情况下的非结构构件改造。

2）加固非结构构件与主体结构的连接，减少非结构构件在地震时的位移或解体的可能，以加固的方式使非结构构件不会对人员造成直接性的接触和打击。此类改造方法适用于所有的非结构构件。

在第一类的改造方法中，本书建筑结构一体化的改造思想并不强调结构、非结构之间的明确界限，相反结构构件可以具备非结构构件在空间中的功能，非结构构件也可以与结构构件共同设计甚至被当作结构构件设计从而具备结构构件的性能。日本的结构专业中有钢筋混凝土非结构墙的定义，认为不符合结构验算的墙体均为非结构墙体，然而这样的定义与本文的出发点不符，且易于陷入结构、非结构构件性能的讨论中。

4.2.1　转化非结构构件

1. 建筑类

1）顶棚（吊顶）

顶棚和吊顶板在地震时发生整体掉落，是最易将建筑室内人群直接砸伤的构件，同时吊顶板的脱落也会伴随着集成照明灯具和隐藏在吊顶中的各类管线一起掉落。而在中小学建筑中，例如礼堂、音乐厅等大空间中的吊顶集成的声乐设备也十分复杂，且吊装吊顶的悬杆长度更加长，有的情况下会超过1500mm，更易发生移动，因而顶棚（吊顶）的加固尤为重要（图4-11）。

非结构构件	顶棚	
转换示例	转换前示意	转换后示意
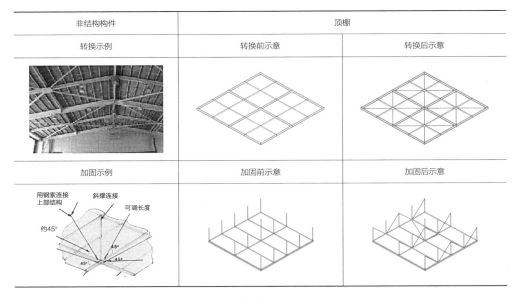		
加固示例	加固前示意	加固后示意

图4-11 顶棚改造加固与转换为结构构件设计示意

应对吊顶板可能存在的危险，除了日常检修松动问题外，可以在天花板和墙壁之间空间较大，或者体育馆的屋顶和天花板之间有较大空间时，对于长度较长的吊杆安装水平和对角系带支撑架，以防止天花板坠落、移动。

不同于加固的思路，如果将吊顶板这类二次装饰才考虑的非结构构件在改造设计之初就纳入考虑中，则可以通过增加吊顶板与楼板的刚性连接从而获得更加稳固的整体性。中小学体育建筑中，增加结构单元之间的对角斜撑并结合灯具管线的作法已经屡见不鲜，这不仅可以使顶棚（吊顶）以暴露结构的方式增加空间的特殊体验，也可以减少吊顶板脱落带来的危害。

2）窗

作为非结构构件，窗墙单元遭受地震损害的方式多种多样：例如由于窗体的安装方法导致的破坏——窗户在安装时通常安装硬质密封剂保证窗体稳固，当窗框随着外围护体的结构变形而产生位移时，窗面玻璃不能及时跟随结构变形而碎裂掉落。普通的推拉窗扇也会因为地震而产生脱轨，从而使玻璃破碎脱落（图4-12）。

从加固的角度来说，为了防止玻璃脱落，日本建设省规定高度超过三层的幕墙不应将窗玻璃安装到固定的窗户中。但是，当实施钢丝增强玻璃或其他安全措施时，则可以使用。

非结构构件	窗户	
转换示例	转换前示意	转换后示意
	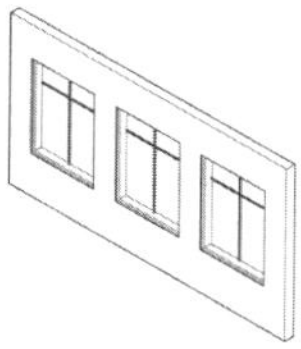	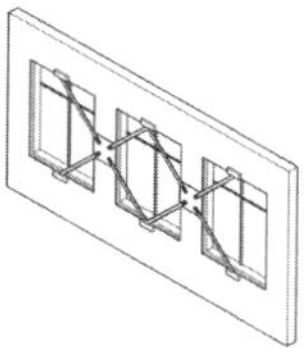
加固示例	加固前示意	加固后示意
	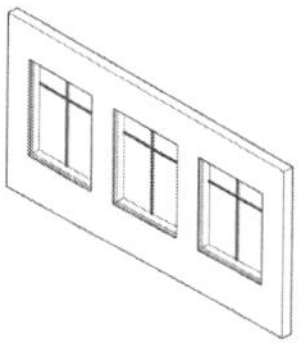	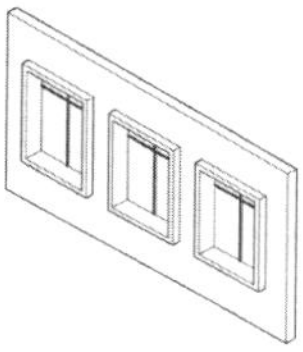

图4-12　窗的改造加固与转换为结构构件设计示意

而窗墙单元也可以通过增加钢斜撑这类办法来增加其结构性能，从而达到对外围护体整体补强的效果。如图4-12所示，在2004年日本新潟县中越地震中某学校体育馆中的窗户因为在窗户内壁做了钢斜撑的加固，使得其窗户整体伴随着外围护体未发生结构变形，从而保证了窗户自身的稳固。

3）隔墙（非承重墙）

由砌块组成的隔墙在结构上不具备抵抗侧向荷载的能力，当主体结构为钢结构时，外部的壁板无法跟随地震变形或与相邻结构发生碰撞时，容易出现损坏并掉落。此类构件由于本身的体积大，对于建筑物内部的隔墙，在地震灾害时会出现壁板掉落伤人，或解体后堵塞必要的逃生空间；而对于建筑物外部不具备结构性能的隔墙，地震时会出现解体伤人或堵塞外部消防车道的情况。

通常情况下对于此类构件的加固只需要加强与主体结构的连接，通过注入树脂、更换紧固件加固以防止倒塌，或使用其他建筑方法进行翻新来修复剥落和破裂的壁板。

除此之外，对于不通高的墙体需要高架的三角支撑系统。这类支撑应具有一定程度的侧向柔韧性，以使平行于墙的结构变形不会将力传递到主要结构系统中。在可能由于恒荷载，活荷载和地震作用而发生垂直挠曲的地方，应制作长孔进行螺栓锚固。

轻质金属隔板应独立固定在建筑物结构上，用单个对角线或螺柱支撑。

而从另一角度来说，隔墙本身的结构性能也取决于其构造的方式，轻质石膏板、砌体、混凝土组成的隔墙自身强度也不同。在特殊情况的改造下，可以通过对隔墙本身的转换，让其成为具有抗剪性能的结构构件，例如加入斜撑、钢筋混凝土加固等方式提升建筑墙率，使得整体的抗震性能提升（图4–13）。

4）烟囱

在老旧建筑中，仍然能看到烟囱的存在，由于大部分的烟囱是以独立结构体的形式出现，其高度又导致其很难承受地震作用，因而常常会出现倾危、倒塌的情况，类似于隔墙壁板，烟囱的倒塌也会对逃生区域或者通道产生阻隔。

随着旧工业时代的结束，昔日老旧建筑中的烟囱逐渐减少，新能源的发展、美学要求等等外在因素，迫使烟囱之类非结构构件的独立构筑物逐渐从建筑中淡出，因而对于抗震改造中可能危险坍塌的烟囱，首先考虑的改造方法是通过拆除，减少不需要使用或者可以通过其他外部能源设备替换的烟囱。其次是通过加固的方式，在烟囱上安装防晃支架。对于重型混凝土烟囱，固定撑杆或金属丝的固定端应充分绑扎或锚固。对于影响区域较小的烟囱，当它们掉落时，应通过加固手段限制其进入潜在的伤人区域。

非结构构件	隔墙	
转换示例	转换前示意	转换后示意
	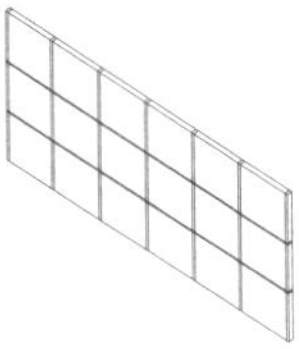	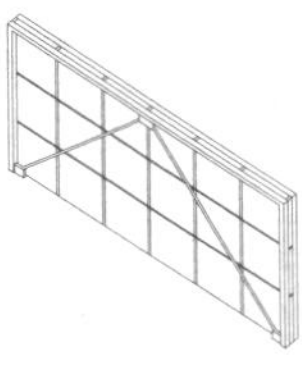
加固示例	加固前示意	加固后示意

图4–13　隔墙的改造加固与转换为结构构件设计示意

　　在前文有关结构体加固的案例中，烟囱本身具备同耗能塔一同设计，从而成为改善整体结构的一种独立结构体。烟囱可以被设计为钢筋混凝土框架结构进行改造干预，同时可以不中断学校正常活动（图4-14）。

　　5）外部楼梯

　　常见的轻钢外挂楼梯在地震力来临时易与地基脱开，同样的情况在其他结构中也会导致不同程度的损坏或者更严重的倾斜。由于轻钢楼梯本身荷载较轻，甚至在某些余震的情况下也会发生倾斜或倒塌。外部楼梯间的设置常常也与校园建筑的疏散相关，因而外部楼梯的损坏对于救灾逃生的影响是致命性的。

　　外部楼梯的安全评估要多于加固的处理。通常情况下，在结构抗震评估时，检查并确认楼梯与结构框架充分牢固连接，楼梯在结构上足以支撑自身，楼梯没有晃动，地脚螺栓未劣化。应当注意，凸出或远离楼板/楼梯，不具有支撑构件的墙壁容易在地震时发生移动。

　　对于外部楼梯的转换思路类同于前文中的烟囱，两者均可以作为独立的结构体来看待，因而均可以采用作为整体耗能塔的形式来进行改造。由于外部楼梯对平面交通的影响，直接对外部楼梯的外墙进行加固改造，可以通过改变平面结构布置的方式增加抗震性能。另一种具有创新性的方法是将剪刀梯看作为斜撑的一种，通过布置剪刀

非结构构件	烟囱	
转换示例	转换前示意	转换后示意
	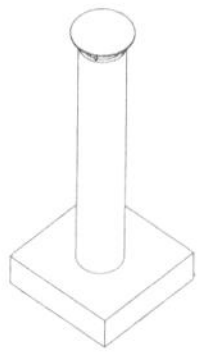	
加固示例	加固前示意	加固后示意
	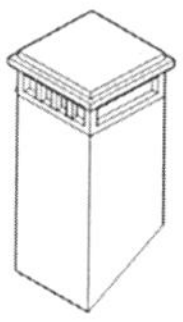	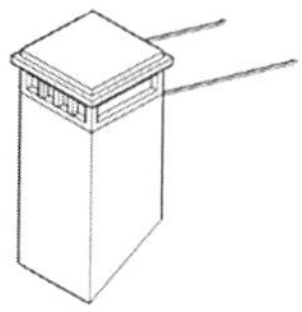

图4-14　烟囱的改造加固与转换为结构构件设计示意

非结构构件	外部楼梯	
转换示例	转换前示意	转换后示意
		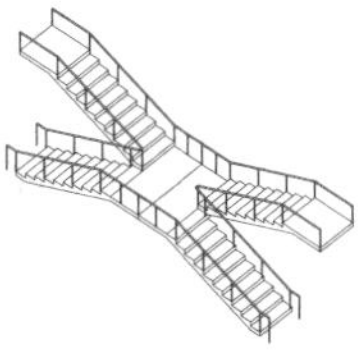
加固示例	加固前示意	加固后示意
		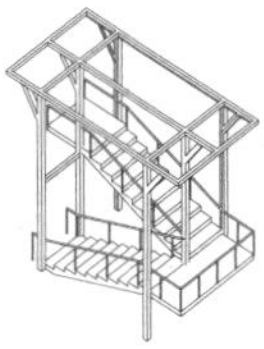

图4-15 外部楼梯的改造加固与转换为结构构件设计示意

梯与建筑的外部同时成为抗震构件置入，也能有效地提升抗震性能（图4-15）。

6）栏杆

中小学建筑中的教学楼可以说是这一建筑类别中最为常见的建筑单体。由于设计规范的要求，常常伴随外廊空间出现的非结构构件栏杆，因为其防护学生从高处掉落的作用，安全性亟待提高。近年来我国报道的由于栏杆断裂而导致的学生受伤坠楼的事件时有发生。由于结构上类同于非承重墙以及非通高墙体，栏杆也是受灾过程中极易出现破坏的构件。

栏杆构件的加固方式与隔墙的方法类似，其安全评估与加固的方式需要加强与主要结构系统中的结构构件的联系。对于混凝土栏杆，可以通过增大其截面积加固；对于轻质栏杆，可以增加与楼板、梁体之间的连接点。

外廊中的栏杆属于本文定义的建筑外围护体构件，其改造转换的方式也同样对建筑的外立面有较大的影响。一方面，类同于窗体的转换方式，栏杆可以通过增加斜撑，甚至是与斜撑作法共同设计的方式，改变建筑外立面，同时增加外廊空间框架单元的墙率。另一方面，与后文相关的外廊讨论中，栏杆的设置也可以与家具功能复合化从而提升空间的多用性（图4-16）。

非结构构件	栏杆	
转换示例	转换前示意	转换后示意
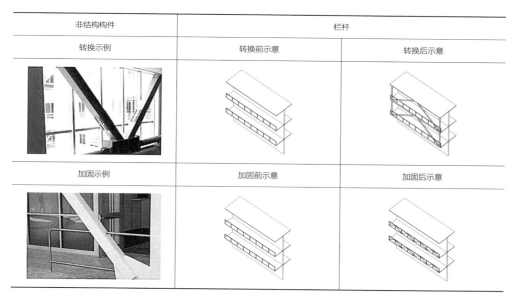		
加固示例	加固前示意	加固后示意

图4-16　栏杆的改造加固与转换为结构构件设计示意

7）女儿墙

对于混凝土结构中的女儿墙，作为屋顶结构中的构件，可以视作为外围护体顶部的一部分。同样，其结构性能也可以同混凝土的栏杆类比。对于未加固的砖石建筑，常常有较大的无支撑护栏，发生脱落和倒塌时也会产生很大的危险。除地震灾害外，狂风暴雨的恶劣天气中，女儿墙扯落伤人事件也屡屡发生。

不同于栏杆的加固方式，因为女儿墙与屋顶楼板接触的位置不需要保证人员走动的空间，因此可以从剖面直接增加钢斜撑形成三角拉接，稳固女儿墙。

因此，对于女儿墙的结构性能转换可以结合栏杆与屋顶楼板二者的做法，兼顾屋顶管线布置与照明布置综合设计。剖面上可以结合屋顶形成桁架整体，立面上可以延续栏杆做法，以增加钢斜撑的方式加强立面形式的水平向构件（图4-17）。

2. 家具类

书架及储物柜等

校园建筑中，尤其是图书馆内，存在大量的通高书架，其自身荷载大，且体积庞大。在地震力的作用下，容易出现书架和储物柜翻倒，内部的书籍及储物从中倾倒出

非结构构件	女儿墙	
转换示例	转换前示意	转换后示意
	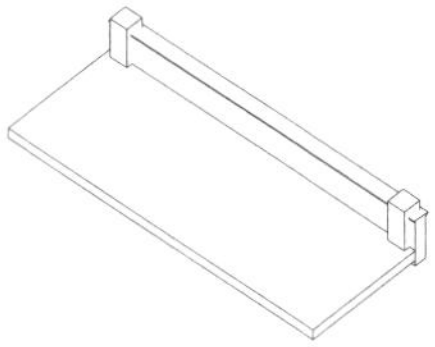	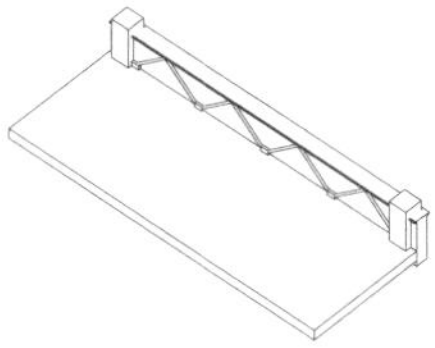
加固示例	加固前示意	加固后示意
	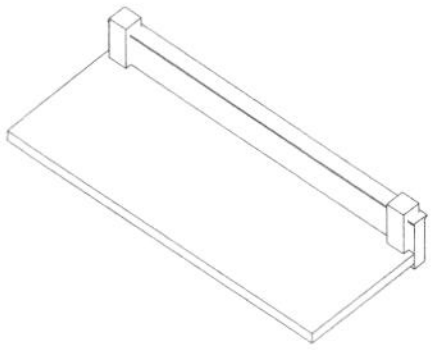	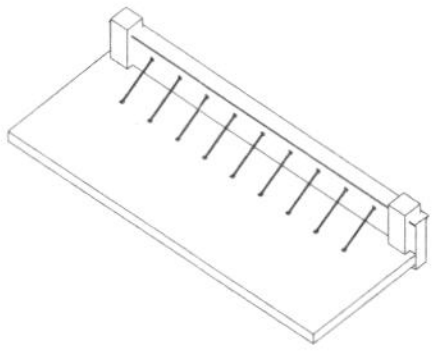

图4-17　女儿墙的改造加固与转换为结构构件设计示意

来，对学生造成伤害。

　　常规的加固方法包括对家具进行绝对的固定，以螺栓锚固的方式将书架和储物柜固定在坚固的墙壁、横梁或天花板上，从而使其与建筑类构件成为整体，提高其整体的稳定性。也可以考虑制作独立的金属支架，将单个独立书架的整体性提高。对于多组书架，可以将高矮书架的顶部互连，形成整体性。堆叠的书架或储物柜应固定在底座和接头处。对可能出现内容物倾倒的储物柜等家具的前开门的中央安装门锁。

　　而对于整体通高的书架，则可以将其与外围护体的结构设计相结合，通过对外走廊空间的框架单元中置入井格式的书架，提高其墙率，同时也满足置物的功能，改变其外围护体整体的结构性能，并复合了外围护体空间的休闲阅读功能，增强空间体验性（图4-18）。

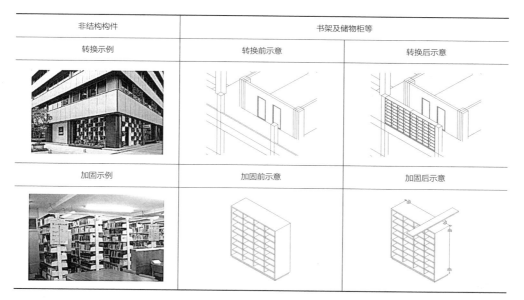

非结构构件	书架及储物柜等	
转换示例	转换前示意	转换后示意
加固示例	加固前示意	加固后示意

图4-18　书架及储物柜类家具的改造加固与转换为结构构件设计示意

4.2.2　加固非结构构件

1. 设备电气类

1）体育设备类

体育器材伴随着体育场所的高大空间，通常也容易在地震时造成掉落砸伤，例如传统体育馆中的广播、篮球支架等。

篮球架的支撑在对建筑主要结构形成更多的连接时，易对平面产生轻微的影响，因而必要的节点是否连接紧固需要定时检查。扬声器等重物需要在其顶部和底部的至少两个位置将其牢固地固定到墙壁上，形成刚性更高的连接（图4-19）。

2）教学设备类

教学设备涵盖的家具内容广泛：教室中的电子显示设备，专业教室中如钢琴的大体积物件，实验室中堆放仪器和保存试剂的通高储物架。这些设备的种类繁杂，但由于其自身的体积，在地震时发生倾覆的可能性也不容小觑。

此类物品需要更进一步的固定来防止其倾覆，电视机电脑等设备需要与摆放它们的家具进行更紧密的连接，以提高整体性。另外，安装必要的车轮限制器来有效地抑制

非结构构件	体育设备	
加固示例	加固前示意	加固后示意
	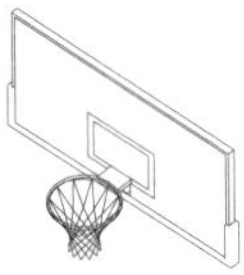	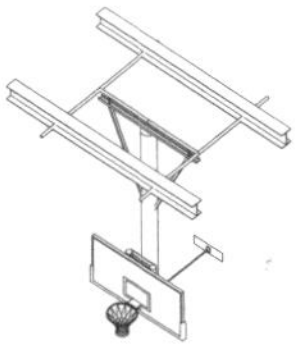

图4-19 体育设备的加固改造设计示意

非结构构件	教学设备	
加固示例	加固前示意	加固后示意
	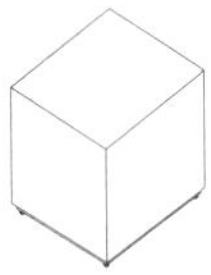	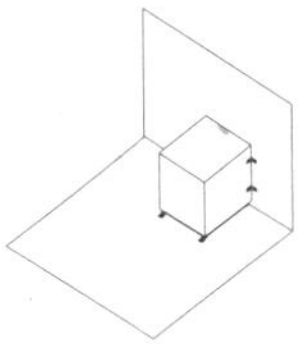

图4-20 教学设备的改造加固设计示意

钢琴类可移动大型设备的水平运动；安装必要的支撑架，以防止三角钢琴倾覆；对于直立的钢琴，可以将其靠在墙上或固定在墙板上以防止倾覆。实验室大型储物架的改造加固方式类同于前文书架储物柜的方式，在此不再赘述（图4-20）。

3）建筑设备类

空调外机等设备、冷却塔、水箱同样面临地震时不安全的情况。高架水箱和冷却塔的锚固不足会由于地震运动产生位移。空调外机从设备平台上掉落的情况也屡见不鲜。

对于没有固定安装于主体结构中的设备，可以通过固定托架或角铁来加固其与墙面的连接，或者通过地脚螺栓加强其与地面的连接。对于已浇筑过的设备机位，可以增加设备与基座之间的加固限制器，或者在可以连接的线路中间增加柔性管线从而起到阻尼器的作用（图4-21）。

非结构构件	建筑设备	
加固示例	加固前示意	加固后示意
	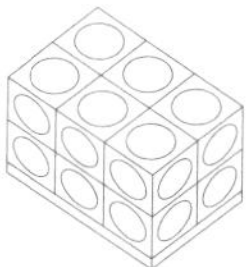	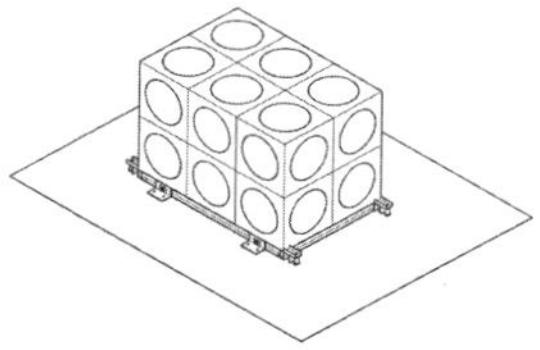

图4-21　建筑设备的改造加固设计示意

2. 管线类

1）灯具

灯具自然会随着吊顶的掉落而砸伤人群，而对于室内二次装修中没有吊顶的情况，直接顶部开槽接线的连接让灯具十分脆弱，

对于此类构件的安装，可以将支架上的钩子修改为带有安全闩锁的钩子。通过使用市售的塑料管覆盖灯具，可以在不减弱照明的情况下减少对灯具的地震影响。最为常见的是在吊灯上安装防晃架，或者是以多角点的支撑来安装，有条件的情况下可以将角点或者管线设置在立柱或墙壁上，或者是共同设计以取代传统将二次装修和建筑设计分开考虑的作法。

插入吊顶的重型荧光灯灯具必须得到独立支撑，这样如果栅格发生故障，灯具就不会掉落。如表3-17说明中，在对角线上有两条安全线。对于较重的固定装置，必须提供四根固定线且悬挂的固定装置必须能够自由摆动，而不会撞到相邻的组件（图4-22）。

非结构构件	灯具	
加固示例	加固前示意	加固后示意
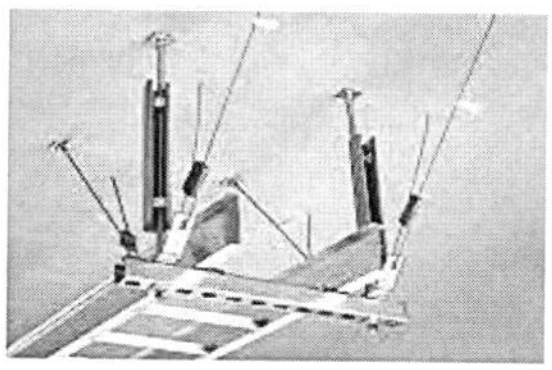	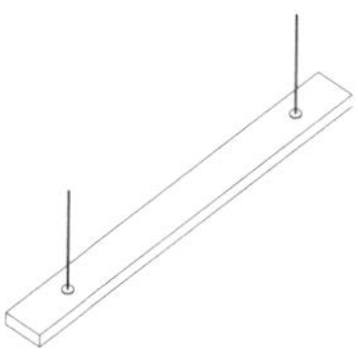	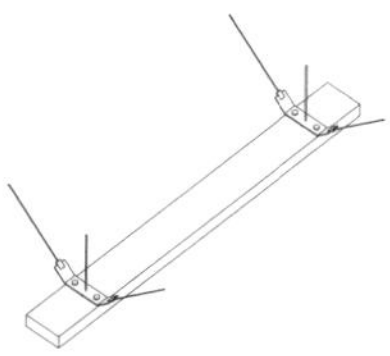

图4-22　灯具的改造加固设计示意

2）管道与管线

由于管道管线大多会通过建筑二次装饰的方式进行隐藏，因而其在地震中产生的破坏更加不易被察觉。在1994年美国北岭（Northridge）地震期间，出现天花板移位并导致穿过天花板的供水管线弯曲并折断天花板上方连接线材。之后持续一段时间内水渗漏到天花板的空腔中，最终在地震发生数月后，硬顶和胶合板塌陷。

对于大直径管道的可以采用典型支撑的方式进行加固。同时，对于管道本身支撑的选材尺寸需要适量增大，例如在美国的抗震规范中规定了需要地震支撑的管道类型和直径以及吊架的长度和类型（图4-23）。

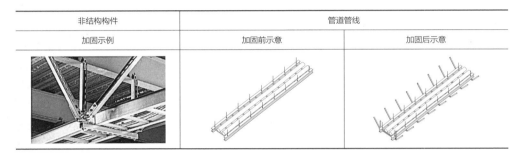

非结构构件	管道管线	
加固示例	加固前示意	加固后示意

图4-23 管道与管线的改造加固设计示意

4.3　外围护体空间改造设计

4.3.1　加固既有外围护体空间

　　构件化的角度来认识建筑外围护体中不同构件的结构性能，将外围护体视作容纳结构构件、非结构构件的物理空间。建筑物的既有内外部空间都会因为改造存在再设计的可能，当对于构件的加固改造因密布而对整个外围护体影响时，建筑物的立面形态显然可以通过以下方式进行更新。

　　相比于前文多次提到的增加斜撑的方式，针对框架结构加固所增加的整体框架可以取消斜向的支撑杆件，避免视野与采光受到斜向构件影响，而且框架尺寸和梁柱关系可以综合考虑被加固建筑的既有结构和新的立面要求：神户海星女子学院初高中的外附框架尺度较大，整体覆盖了原四层建筑一到三层的立面，且外附结构与原立面颜色相近，最终呈现出与原有立面相近的结果；新瓦町大厦的外附子结构在加固的同时，只单独强化了立面的竖向形态。千叶县农业会馆则在钢框架的基础上保留原有立面各层楼板的挑板，强化了内在界面的整体性，从立面上呈现出水平形态的强化（图4-24）。

图4-24　整体结构的加固措施对立面的影响

外廊空间可作为一种特殊的空间类型进行考虑。一方面外廊空间不同于屋顶楼板，外立面的围护表皮具备一定的空间且进深较浅；另一方面外廊空间与教学空间也可以分开考虑，从而可以直观地呈现外围护体空间改造的各类设计策略对建筑物的内部空间的影响。另一种情况是对建筑主体结构与次要结构的区分，在某些特殊情况中建筑物的外廊或者外阳台是以悬挑的结构形式呈现的，因而涉及结构构件的加固方式并非是直接出现在建筑物的外围护界面上，而是存在于内部空间中，这也是本文以外围护体空间来进行论述的原因。以外围护体的钢斜撑增加的做法来说，其界面常常可以设置在建筑物的围护界面内，甚至是设置在外廊与教学空间之间墙体或者框架单元中，从而减少对建筑物外立面的干扰。意大利卡普契尼学校（School Cappuccini）是一所建于20世纪70年代的学校，因在2002年席卷西西里岛东部的地震后主体结构与次要结构均发生了较严重的破坏而受到公众谴责。改造方案采取了增加BRB构件的方式，将构件置于建筑物的廊空间内部，围绕教学空间和中庭空间布置。由于各层的层高不同，外部这样的补强方式容易使得外立面形式语言混杂，置入内部的方式则避免了这一点，且使建筑内部的廊空间因为BRB的置入而显得特别（图4-25）。

再者，通过改造增设的外部空间，例如楼梯间、消能塔、整体框架等带来的新空间拓展了原有建筑的空间，而拆减外围护体则缩小了建筑物的空间，这都为融合前文中的结构改造的方式提出具有整体性的设计措施和创新手段带来了新的机会。

具体而言，附加外围护体空间是通过附加具有结构性能的整体空间来达到改变其空间和抗震性能，不同于结构体置入，此处以整体结构的介入扩大了建筑空间且使整体的抗震性能得到提升；拆减外围护体空间则是通过对既有建筑的空间进行层数的减少或者平面面积的压缩来改变其整体的建筑荷载，从而改变建筑体的外围体形，达到"建筑轻量化"的抗震效果，与此同时，建筑的外围护体也形成了新的改变。

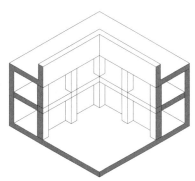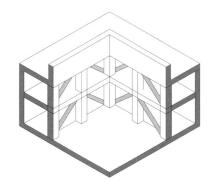

图4-25　卡普契尼学校

4.3.2　附加外围护体空间

1.　附加局部单元空间的加固

不同于前文中的加固方式，附加局部单元空间指在加固的策略中增加的结构自身提供了一定的空间，尤其是对于框架建筑，框架单元的结构补强也是带有单元性质的，而对于单元改造呈现的形态则与结构计算息息相关。

显然这种构成空间的结构体改造适合对建筑物的局部调整，而非整体改变其标准层面积从而影响其空间划分。夏曼南加濑公寓建筑中本身在建筑外侧设计有悬挑阳台，外附着的框架结构在加固建筑的同时，也对旧阳台空间进行了"升级"：建筑物三层中间部分以层退的方式加固了一圈框架结构，拓展了原有建筑物阳台的宽度。加固的形态类同于熊本市西冈中学（Kumamoto City Nishiki Junior High School）与市川市立大柏小学校（Ichikawa Municipal Ohgashiwa Elementary School），整体呈现一个三角形的形态，满足自己荷载的同时作为建筑物的新围护体进行加固[1]（图4-26、图4-27）。

2.　附加整体空间的加固

在建筑主体之外或者主要的结构系统外添加新的结构整体并形成新的空间，不仅仅扩展建筑物本身的面积，也通过新结构体的置入使得整体结构性能提升。这里所指代的附加整体空间已经不是上一小节的局部单元，也区别于结构构件形成的结构整

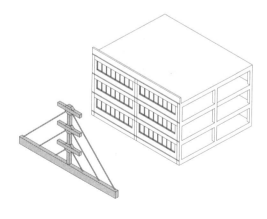

图4-26　熊本市西冈中学

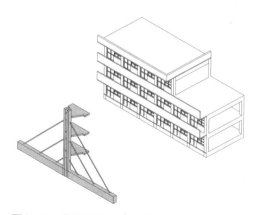

图4-27　市川市立大柏小学

1　文教施设会. 耐震捕强工法事例集作成事类[R/OL]. 东京：文部科学省，2007[2019-04-01].

体，而是自身构成空间的结构体，完全改变了建筑既有外围护体的构成。

在斯坦福大学原始四边形拱廊的抗震改造中，原有的主体建筑构成一个大约850ft×950ft（259.08m×289.56m）的四边形平面，其四周被一圈覆盖的拱廊所环绕。随着40年来抗震技术的提升，关于该建筑的改造设计方案最终确立为将拱廊拆除，重新安装钢筋混凝土芯以及内部构件（厚度减小）。与此同时，将外廊空间的外部修复为原有的砂岩柱形象。由于砂岩柱抗震性能的衰减，通过安装预制混凝土的新拱廊在许多位置获得了额外的抗震性能，这段柱廊空间形成了连续的垂直钢筋混凝土结构的一部分。

在整个校园中这样改造设计思想得以延续，但实施方案不尽相同。与之不远的斯坦福大学四角楼中，四个位于角落的建筑也在这40年间进行了抗震加固。由于人们越来越认识到整个大楼的历史价值，因此先后对四个角部采取了不同的方案：第一个拐角在1962年被"破坏"，并在内部新建了一个全新的结构，并带有两个装饰层。第二个拐角是在1977年完成的，并且也被拆除了，但保留了原来的地板水平，内部装修与原来的相似。1989年的洛马普列塔（Loma Prieta）地震后，对后两个角进行了维修和翻新，并对内部混凝土剪力墙进行了加固，同时维护了大部分内部结构，包括木地板和厚木板屋顶。由于外拱廊的形式与主体建筑本身关系就呈现出一体的情况，因而拆除再重新附加拱廊空间的做法显得更加顺理成章（图4-28）。

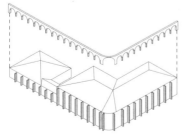
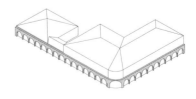

拆除原有拱廊无抗震能力的砂岩柱后，安装新的预制柱　　在石匠合作下以预制模具对柱子加工调整外观，保有原有材料和建筑的新旧一致性

图4-28　斯坦福大学原始四边形拱廊

4.3.3　拆减外围护体空间

　　增加结构或者加固既有的结构来提高建筑的抗震能力，需要考虑增设构件对建筑体带来的荷载。与此类改造思路背道而驰的则是"建筑轻量化"，通过拆除建筑体量，从而减轻建筑负担，改善建筑形体关系来提高建筑的抗震能力，其中最为直观的就是降低建筑的高度。虽然对于中小学建筑类型，很少会出现高层的情况，但高层在其他建筑类型中却是地震来临时的主要隐患。滨松市好时节酒店原建筑在经营与设计的协商下，将高层部分被拆去，改善了建筑形体关系，使得建筑整体更加稳定。白井市政府大楼则是撤去了五层以上的建筑部分以及西侧的楼梯部分。突破了五层的部分楼板，增设了新的钢结构屋顶，使得该区域的会议室有着更加舒适的层高，从立面上也打破了平屋顶的形象。

　　如今大量的改造实例中，传统布局模式下的校园建筑空间常常不再适用日新月异的教学方式，适当的拆减能够直接减轻建筑本身的荷载，同时获得更加良好的空间体验与热工性能。第3章中所述黑松内中学校在教学楼的教室单元之间拆减了屋顶的空间，并用轻钢桁架形成了一个阳光顶棚，减轻建筑整体荷载的同时还扩大了走廊区域，引入了自然光线，令室内空间的品质得到提高（图4-29）。

　　拆减空间的另一个优势是在建筑空间富裕的情况下拆除部分空间，反而有利于获得完整的空间以满足多样的活动，为既有的建筑空间带来灵活的使用可能。当建筑本身的外围护体形态非常重要时，那么拆减内部空间减少荷载以维持外围护体，同样可以做到优化功能配置的效果。西雅图BF日立小学（B.F. Day School）的改造就是这样

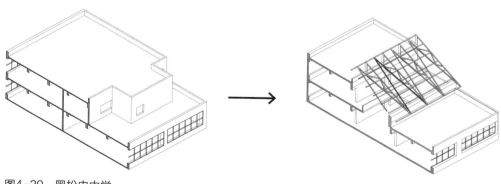

图4-29　黑松内中学

的一个项目。原有的学校已有逾200年的历史，改造设计希望保护其原有的外围护体以及立面，新校区的设立也让原有的教学空间变得冗余。设计进行了顶部翻新，改造拆减了原有的一层楼板，打开了地下室和一楼，以提供适合当今教育需求的宽敞空间，可以用作篮球场等多功能场所进行使用。这样拆减空间的改造方式在进行有效抗震加固的同时也为既有的校园建筑丰富了使用方式（图4-30）。

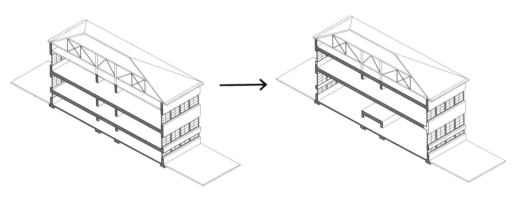

图4-30　西雅图BF日立小学

建筑索引

建筑名（原名）	建筑设计者	结构设计者	建造时间	改造时间（仅限改造建筑）
第1章				
自由学院女子部	远藤新	—	1921	—
西户山小学校	东京都建筑局工事课	—	1921	—
合肥北城中央公园中小学	上海天华建筑设计	—	2019	—
目黑区立八云小学校	八云小学校设计团队	—	1955	—
上海明航区星河湾中学	华东建筑设计研究院	—	2017	—
仙台媒体中心	伊东丰雄建筑设计事务所	佐佐木睦朗事务所	2001	—
第2章				
印旛村立小学（印旛村立いには野小学）	都市再生机构+（株）千代田设计	（株）千代田设计+中田捷夫研究室	2000	—
南部町立名川中学校	川岛隆太郎建筑事务所	—	2000	—
东海大学附属第二高等学校	大成建设一级建筑士事务所	大成建设一级建筑士事务所	2003	—
Saunalahti 预备学校（Saunalahti School）	Verstas Architects	—	2012	—
劳普海姆学校（Laupheim School Extension）	Herrmann + Bosch Architekten	—	2012	—
法国蒙彼利埃'André Malraux'学校（'André Malraux' Schools In Montpellier）	Dominique Coulon & AssociÉS	—	2015	—
路德维希霍夫曼学校（Ludwig-Hoffmann Primary School）	AFF Architekten	—	2012	—
东正教学校（Orthodox School In Remle）	Dan And Hila Israelevitz Architects	—	2010	—
德朗格罗曼罗兰小学（The Romain Rolland Elementary School）	Babled Nouvet Reynaud Architectes	—	2013	—
三良坂町立灰塚小学校	Nishimiya Architect	—	1995	—
港区立高轮台小学校（港区立高輪台小学校）	石本建筑事务所	石本建筑事务所	2005	—
维也纳露天小学（Elementary School Baslergasse）	Clemens Kirsch Architektur	—	2015	—
Ayb中学（Ayb Middle School）	Storaket Architectural Studio	—	2017	—
大多喜町立老川小学校	榎本建築設計事務所	（株）建築構造企画	2001	—

建筑名（原名）	建筑设计者	结构设计者	建造时间	改造时间（仅限改造建筑）
科学与生物多样性小学（Primary School For Sciences And Biodiversity）	Chartier Dalix Architectes	—	2014	—
凯泽里察校园活动中心（Educational Complex Kajzerica）	Sangrad + AVP	—	2014	—
Ruyton 女子学校（Ruyton Girls' School）	Woods Bagot	—	2015	—
比利时学校 De Brug（School De Brug）	Uarchitects + Lens° Ass Architecten	—	2019	—
小坂町立十和田小中学校	石井和紘建築研究所	松井源吾+O.R.S 事務所	1996	—
秋田县立横手清陵学院中学校高等学校	日本设计	日本设计	2004	—
户田市立芦原小学校（戸田市立芦原小学校）	小泉アトリエ+ C+A	—	2005	—
让莫内中学（Collège Jean Monnet À Broons）	Colas Durand Architectes, Dietrich I Untertrifaller	—	2015	—
捷克色彩中学	SOA Architect	—	2019	—
南山城村立南山城小学校	リチャード ロジャース パートナーシップ ジャパン	—	2003	—
杭州市崇文世纪城实验学校	度向建筑	—	2018	—
SAAC 学术中心（St Andrew's Anglican College Learning Hub）	Wilson Architects	—	2016	—
浜田市立三隅小学校	高松伸建築設計事務所	—	1997	—
模块化设计的四所小学（Four Primary Schools In Modular Design）	Wulf Architekten	—	2017	—
惠泉女学园世田谷（惠泉女学園世田谷キャンパス）	Kajima Design	—	2003	—
静冈县清水町三得利（静岡県清水町 サントムーンアネックス）	株式会社シード 一級建築士事務所	—	1981	2008
千叶县鸭川市医疗法人明星会东条医院（千葉県鴨川市 医療法人明星会東条病院）	有限会社エイト建築設計事務所	—	1980	2000
有马酒店（有馬きらり）	株式会社 竹中工務店	—	1973	2019

建筑名（原名）	建筑设计者	结构设计者	建造时间	改造时间（仅限改造建筑）
ANA 长崎格莱巴皇冠广场酒店（ＡＮＡクラウンプラザホテル長崎グラバー）	株式会社竹中工務店	—	1974	2017
NTT 大通四丁目大楼（NTT 大通四丁目ビル）	NTT ファシリティーズ一級建築士事務所	—	1966	2017
鹤町立半田小学管理教室楼（つるぎ町立半田小学校管理教室棟）	多田善昭建築設計事務所	—	1971	2011
TAKUMI Takenaka 学习中心（Takenaka Learning Center"TAKUMI"）	（株）竹中工務店	—	—	2008
熊本县山鹿市温泉广场山鹿（熊本県山鹿市 温泉プラザ山鹿）	（有）ひとちいき計画ネットワ―1975	—	—	2010
群马县高崎市群马县立近代美术馆（群馬県高崎市 群馬県立近代美術館）	株式会社磯崎新アトリエ、株式会社川口衛構造設計事務	—	1974	2008
秋田县秋田市秋田CALL 酒店（秋田県秋田市 秋田キャッスルホテル）	清水建設株式会社	—	1981	2011
东京工业大学绿之丘1号馆（東京工業大学緑が丘1号館）	東京工業大学施設運営部＋アール・アイ・エ―＋ピー・エー・	—	1967	2006
近铁总公司大楼（近鉄本社ビル）	株式会社 大林組	株式会社 大林組	2017	—
奈良近铁大楼（奈良県奈良市 奈良近鉄ビル）	坂倉建築研究所	—	1970	2009
明治大学贺本坎分校（Meiji Gakuin University Hepburn-Kan）	（株）竹中工務店	—	—	2003
KOKUYO 总公司总部大楼（コクヨ本社本館ビル）	（株）竹中工務店	—	—	2014
新潟市东急ING［新潟県新潟市弁天プラザビル（新潟東急イン）］	戸田建設株式会社	—	1981	2009
银座翔光大厦（Ginza Shoukou Building）	（株）竹中工務店	—	—	2003
清风学园（Seifu Gakuen）	（株）竹中工務店	—	—	2003
上野大厦（上野ビルデイング）	みかんぐみ	—	1965	2007
浜松Sala（浜松サーラ）	黒川紀章建築都市設計事務所，青木茂建築工房	—	1981	2010
神户商船三井大厦（神戸商船三井ビル）	（株）大林組大阪本店一級建築士事務所	—	1922	2012
奥村久美高木宿舍（株式会社奥村組 高樹寮）	株式会社 奥村組東日本支社一級建築士事務所	—	1964	2012

建筑名（原名）	建筑设计者	结构设计者	建造时间	改造时间（仅限改造建筑）
静冈县厅东馆及西馆（静冈県庁 東館及び西館）	清水建設・平井工業特定建設工事共同企業体，三井住友建設・ザ・トーカイ特定建設工事共同企業体	—	1970	2005
静冈县下田市伊豆急本馆酒店（静冈県下田市 ホテル伊豆急本館）	株式会社I2s2	—	1974	2011
日本梅克斯总部大楼（日本メックス本社ビル）	—	—	1970	2012
兵库县神户市神户市中央图书馆（兵庫県神戸市 神戸市中央図書館）	神戸市都市計画総局建築技術部建築課・株式会社エーアンドディー設計企	—	1981	2014
云雀丘住宅更新（Research On Renovation Project In UR Hibarigaoka Estate）	（株）竹中工務店	—	—	2009
滨松市好时节酒店（ホテルウェルシーズン浜名湖）	株式会社 竹中工務店	—	—	2009
东京都新宿区伊势丹总店新馆（東京都新宿区 伊勢丹本店新館）	清水建設株式会社一級建築士事務所	—	1968	2003
福岛县岩木市SPA 度假村（福岛県いわき市 スパリゾートハワイアンズ）	株式会社ＨＡＬ構造設計	—	1966	2012
市川市立第八中学校（市川市立第八中学校）	前田建設工業株式会社一級建築士事務所	—	—	2010
早稻田大学二号馆（早稲田大学2号館）	大成建設（株）	—	1925	2010
神户海星女子学院初高中（神戸海星女子学院 中学校・高等学校）	（株）竹中工務店	—	1952	2014
新瓦町大厦（新瓦町ビル）	前田建設工業株式会社一級建築士事務所	—	—	2009
福岛县岩木市SPA 度假村（福岛県いわき市 スパリゾートハワイアンズ）	株式会社ＨＡＬ構造設計	—	1966	2011
神奈川县藤泽市藤泽市民会馆（神奈川県藤沢市 藤沢市民会館）	株式会社日建設計	—	1968	2008
和歌山县南部町国民宿舍纪州路南部（和歌山県みなべ町 国民宿舍紀州路みなべ）	株式会社岡本設計事務所	—	1980	2007
高岛新桥店（Takashimaya Nihombashi Store）	（株）竹中工務店	—	—	2004
和歌山站大厦（和歌山県和歌山市 和歌山ステーションビル）	JR西日本コンサルタンツ、安井建築設計事務所	—	1968	2010

续表

建筑名（原名）	建筑设计者	结构设计者	建造时间	改造时间（仅限改造建筑）
笹冢的集体住宅（笹塚の集合住宅）	みかんぐみ	—	1976	2006
大阪成蹊学园高等学校1・2号馆 [（学）大阪成蹊学園高等学校1・2号館]	株式会社 掛谷工務店	—	1978	2015
北九州市立户畑图书馆（北九州市立戸畑図書館）	青木茂建築工房	—	1993	2014
名古屋中心大厦（Nagoya Center Building）	（株）竹中工務店	—	—	2011
四国银行总店（四国銀行本店）	大成建設（株）、（株）現代建築計画事務所	—	—	—
四街道五月天幼儿园（四街道 さつき幼稚園）	環境デザイン研究所	—	1975	2006
冈山县综合福祉（Kirameki Plaza）	（株）竹中工務店	—	—	2005
自由学园初等部食堂楼（自由学園初等部食堂棟）	遠藤新，袴田喜夫建築設計室	—	1929	2008
西松建设住宅（西松建設住宅リニューアル）	西松建設（株）一級建築士事務所	—	—	2014
大阪丰田大厦（Osaka Yoyota Bldg）	（株）竹中工務店	—	—	2001
和歌山县民文化会馆（和歌山県和歌山市 和歌山県民文化会館）	（株）山下設計関西支社	—	1970	2012
北九州索雷尔大厅（福岡県北九州市 アルモニーサンク 北九州ソレイユホール）	株式会社構造計画研究所	—	1983	2008
若叶台团地公寓3-4（若葉台第1共同住宅3-4棟）	青木あすなろ建設（株）一級建築士事務所	青木あすなろ建設（株）一級建築士事務所	—	2018
东京都板桥区莲根法米尔海茨（東京都板橋区 蓮根ファミールハイツ）	青木あすなろ建設株式会社	—	1977	2013
德岛县乡土文化会馆 [德島県徳島市 あわぎんホール（徳島県郷土文化会館）]	竹中工務店、光建設、美土利建設工業J	—	1971	2007
埼玉县本厅舍与第二厅舍（埼玉県本庁舎、第二庁舎）	建設株式会社関東支店一級建築士事務所	—	1974	2011
霞关共门中央合同厅舍第7号馆（霞が関コモンゲート中央合同庁舎第7号館）	久米設計・大成建設・新日鉄エンジニアリング設計共同企業体	—	1993	2007
港区立乡土历史馆等复合设施 [港区立郷土歴史館等複合施設（ゆかしの杜）]	株式会社日本設計	—	1938	2018

续表

建筑名（原名）	建筑设计者	结构设计者	建造时间	改造时间（仅限改造建筑）
千叶县农业会馆本馆楼（千葉県農業会館本館棟）	大成建設（株）一级建築士事務所	—	1967	2012
高知县立县民文化厅（高知県高知市 高知県立県民文化ホール）	（株）石本建築事務所	—	1976	2011
鸟取县政府大楼（鳥取県庁舎）	大成建設・桂設計事務所特定設計業務共同企業体	—	—	—
白井市政府大楼（白井市庁舎）	㈱INA新建築研究所	—	1981	2018
爱农学园农业高等学校本馆（愛農学園農業高等学校本館）	（有）野沢正光建築工房	—	—	2010
黑松内中学校（黒松内中学）	トリエブンク	—	1978	2007
静冈县三岛市三岛市民体育馆（静岡県三島市 三島市民体育館）	構建設計（株）	—	1977	2012
福冈公园（Fukuoka PARCO）	（株）竹中工務店	—	—	2010
新潟县新潟市弁天广场大厦（新潟県新潟市 弁天プラザビル）	戸田建設株式会社	—	1981	2009
鸟取县鸟取市鸟取县立中央医院本馆（鳥取県鳥取市 鳥取県立中央病院・本館）	伊藤喜三郎建築研究所	—	1975	2011
第3章				
户田市立芦原小学	小泉Atelier + C+A	中田捷夫研究室	2005	—
筑波未来市立阳光台小学（つくばみらい市立陽光台小学校）	野建筑设计共同企业体	野建筑设计共同企业体	2015	—
黑松内中学	Atelierブンク	金箱温春结构设计事务所	2007	—
大多喜町立老川小学	榎本建筑设计事务所	建筑结构企划	1999	—
南部町立名川中学	川岛隆太郎建筑事务所	川岛隆太郎建筑事务所	2003	—
圣笼町立圣笼中学	香山寿夫建筑研究所	MUSA研究所	1999	—
南房总市立丸山中学	盐见	盐见	2003	—
熊本辉之森支援学校（熊本県立熊本かがやきの森支援学校）	日建设计+太宏设计事务所	日建设计	2014	—
印西市立印波郡野小学	千代田设计	千代田设计+中田捷夫研究室	1999	—
金山町立明安小学	小泽明建筑研究室	松本结构设计室	2000	—
大洗町立南中学	三上建筑事务所	三上建筑事务所	2000	—
宇土市立网津小学	Atelier&I 坂本一成研究室	金箱温春结构设计事务所	2011	—

续表

建筑名（原名）	建筑设计者	结构设计者	建造时间	改造时间（仅限改造建筑）
吴市立川尻小学	村上徹建筑设计事务所	カナイ建筑结构事务所	2001	—
山元町立山下第二小学	佐藤综合+SUEP	佐藤综合	2016	—
伊东那小学	橘子组+小野田泰明	金箱温春结构设计事务所	2008	—
广岛市立基町高中	原广司+Atelier φ 建筑研究所	金箱温春结构设计事务所	2000	—
昭和町立押原小学	久米设计	久米设计	2002	—
福冈市立博多小学	シーラカンスK&H	シーラカンスK&H	2001	—
北区立田端中学	シーラカンスK&H	KAP	2019	—
立川市立第一小学	CAt	小西泰孝建筑结构设计	2016	—
东京港区高轮台小学	石本设计	石本设计	2003	—
第4章				
天主教学校圣玛利亚德格利安杰利学院	—	S. Perno & S. Rossicone	15世纪	2009
伯鲁乃列斯基学校	—	S. Perno & M. Genovesi	1976	2009
瓦拉诺学校	—	Alessandro Balducci	1960s	2012
克罗切高中	—	Alessandro Balducci	1960s	2013
SDN Padasuka II 学校	Mike Novell	CDM –ITB	—	2009
神户海星女子学院初高中	竹中工务店	竹中工务店	2013	—
卡普契尼学校	—	—	1970s	2013
市川市立大柏小学校	上総建設株式会社	上総建設株式会社	2013	—
斯坦福大学四边形拱廊	Frederick Law Olmsted	—	1887	1989
斯坦福大学四角楼	Frederick Law Olmsted	—	1887	1989
黑松内中学校	Atelier ブンク	三上建筑事务所	1978	2007
西雅图B.F. Day School	Fotopoulou Sophia		1892	2012

图片来源

图1-23-1：https://www.rca.ac.uk/study/schools/schoolofarchitecture/architecture/adsthemes202021/ads0Babel/

图1-23-2：https://www.smt.jp/en/smt311/timeline.html

图1-24-1、图1-24-2：竹内徹 摄影

图2-7b、图2-10b、图2-10c、图2-10d、图2-11c、图2-11f、图2-12d、图2-12f、图2-16b、图2-16c、图2-18b、图2-19b、图2-20b、图2-39b、图2-42b、图2-48b、图2-53b、图2-55b：chromeextension://ikhdkkncnoglghljlkmcimlnlhkeamad/pdfviewer/web/viewer.html?file=https%3A%2F%2Fwww.taishin.metro.tokyo.lg.jp%2Fpdf%2Fproceed%2F06_02.pdf

图2-7c、图2-33c：chrome-extension://ikhdkkncnoglghljlkmcimlnlhkeamad/pdf-viewer/web/viewer.html?file=https%3A%2F%2Fwww.nikkenren.com%2Fkenchiku%2Fqp%2Fpdf%2F165%2F26-014.pdf

图2-7d、图2-13b：chrome-extension://ikhdkkncnoglghljlkmcimlnlhkeamad/pdf-viewer/web/viewer.html?file=https%3A%2F%2Fwww.nikkenren.com%2Fkenchiku%2Fqp%2Fpdf%2F151%2F26-010.pdf

图2-8b：https://www.meccs.co.jp/performance/construction/case/case012.html

图2-24b、图3-37b：http://www.tada-architect.com

图2-9a、图2-11d、图2-11h、图2-11i、图2-13c、图2-28c、图2-33b、图2-55b、图4-18A：建築画報社．建築画報：Sustainable Structure.[J]. 2013，49．东京：建筑画报社，2013

图2-11b：曲哲，张令心．日本钢筋混凝土结构抗震加固技术现状与发展趋势[J]．地震工程与工程振动，2013，33（4）：61-74.

图2-11c：chrome-extension://ikhdkkncnoglghljlkmcimlnlhkeamad/pdf-viewer/web/viewer.html?file=https%3A%2F%2Fwww.nikkenren.com%2Fkenchiku%2Fsb%2Fpdf%2F426%2F03-050.pdf

图2-11e：https://www.takenaka.co.jp/majorworks/ 41309442014.html

图2-11j、图2-11k、图2-24c、图2-31b、图2-35b、图2-52b：chrome-extension://ikhdkkncnoglghljlkmcimlnlhkeamad/pdf-viewer/web/viewer.html?file=https%3A%2F%2Fwww.kanebako-se.co.jp%2Fcolumn%2Fcolumns%2Fcolumn23.pdf

图2-12b：chrome-extension://ikhdkkncnoglghljlkmcimlnlhkeamad/pdf-viewer/web/viewer.html?file=https%3A%2F%2Fwww.nikkenren.com%2Fkenchiku%2Fqp%2Fpdf%2F130%2F10_006.pdf

图2-12c：chrome-extension://ikhdkkncnoglghljlkmcimlnlhkeamad/pdf-viewer/web/viewer.html?file=https%3A%2F%2Fwww.mlit.go.jp%2Fcommon%2F001272787.pdf

图2-12e：chrome-extension://ikhdkkncnoglghljlkmcimlnlhkeamad/pdf-viewer/web/viewer.

html?file=https%3A%2F%2Fwww.jsbc.or.jp%2Fswo%2Ffiles%2Fswo_hb05.pdf

图2-14b：chrome-extension://ikhdkkncnoglghljlkmcimlnlhkeamad/pdf-viewer/web/viewer.
html?file=https%3A%2F%2Fwww.nikkenren.com%2Fkenchiku%2Fsb%2Fpdf%2F354%
2F13-039.pdf

图2-16d：chrome-extension://ikhdkkncnoglghljlkmcimlnlhkeamad/pdf-viewer/web/viewer.
html?file=https%3A%2F%2Fwww.nikkenren.com%2Fkenchiku%2Fsb%2Fpdf%2F145%
2F22-005.pdf

图2-18c：http://xn--pss88kyxcw74d.jp/works/01754.html

图2-18d：chrome-extension://ikhdkkncnoglghljlkmcimlnlhkeamad/pdf-viewer/web/viewer.
html?file=https%3A%2F%2Fwww.nikkenren.com%2Fkenchiku%2Fqp%2Fpdf%2F104%2F104.
pdf

图2-18e：chrome-extension://ikhdkkncnoglghljlkmcimlnlhkeamad/pdf-viewer/web/viewer.
html?file=https%3A%2F%2Fwww.nikkenren.com%2Fkenchiku%2Fsb%2Fpdf%2F141%
2F22-001.pdf

图2-22b：chrome-extension://ikhdkkncnoglghljlkmcimlnlhkeamad/pdf-viewer/web/viewer.
html?file=https%3A%2F%2Fwww.taishin.metro.tokyo.lg.jp%2Fpdf%2Fproceed%2F06_02.
pdf建築画报社．建築画報：Sustainable Structure.[J]．2013，49．东京：建筑画报
社，2013chrome-extension://ikhdkkncnoglghljlkmcimlnlhkeamad/pdf-viewer/web/viewer.
html?file=https%3A%2F%2Fwww.taishin.metro.tokyo.lg.jp%2Fpdf%2Fproceed%2F06_02.pdf

图2-26b：chrome-extension://ikhdkkncnoglghljlkmcimlnlhkeamad/pdf-viewer/web/viewer.
html?file=https%3A%2F%2Fwww.nikkenren.com%2Fkenchiku%2Fqp%2Fpdf%2F126%
2F52-002.pdf

图2-28b：http://www.belca.or.jp/l107.htm

图2-30b：chrome-extension://ikhdkkncnoglghljlkmcimlnlhkeamad/pdf-viewer/web/viewer.
html?file=https%3A%2F%2Fwww.nikkenren.com%2Fkenchiku%2Fqp%2Fpdf%2F19%2F019.pdf

图2-35c：chrome-extension://ikhdkkncnoglghljlkmcimlnlhkeamad/pdf-viewer/web/viewer.
html?file=https%3A%2F%2Fwww.nikkenren.com%2Fkenchiku%2Fsb%2Fpdf%2F235%
2F18-010.pdf

图2-40b：chrome-extension://ikhdkkncnoglghljlkmcimlnlhkeamad/pdf-viewer/web/viewer.
html?file=https%3A%2F%2Fwww.taishin.metro.tokyo.lg.jp%2Fpdf%2Fproceed%2F06_02.
pdfchrome-extension://ikhdkkncnoglghljlkmcimlnlhkeamad/pdf-viewer/web/viewer.
html?file=https%3A%2F%2Fwww.nikkenren.com%2Fkenchiku%2Fqp%2Fpdf%2F59%2F058.pdf

图2-44b：chrome-extension://ikhdkkncnoglghljlkmcimlnlhkeamad/pdf-viewer/web/viewer.
html?file=https%3A%2F%2Fwww.nikkenren.com%2Fkenchiku%2Fqp%2Fpdf%2F28%2F028.pdf

图2-46b：chrome-extension://ikhdkkncnoglghljlkmcimlnlhkeamad/pdf-viewer/web/viewer.

html?file=https%3A%2F%2Fwww.nikkenren.com%2Fkenchiku%2Fqp%2Fpdf%2F18%2F018.pdfchrome-extension://ikhdkkncnoglghljlkmcimlnlhkeamad/pdf-viewer/web/viewer.html?file=https%3A%2F%2Fwww.nikkenren.com%2Fkenchiku%2Fqp%2Fpdf%2F162%2F23-017.pdf

图2-11g、图 2-46b：chrome-extension://ikhdkkncnoglghljlkmcimlnlhkeamad/pdf-viewer/web/viewer.html?file=https%3A%2F%2Fwww.nikkenren.com%2Fkenchiku%2Fqp%2Fpdf%2F66%2F065.pdf

图2-50-b：chrome-extension://ikhdkkncnoglghljlkmcimlnlhkeamad/pdf-viewer/web/viewer.html?file=https%3A%2F%2Fwww.taishin.metro.tokyo.lg.jp%2Fpdf%2Fproceed%2F06_02.pdfchrome-extension://ikhdkkncnoglghljlkmcimlnlhkeamad/pdf-viewer/web/viewer.html?file=https%3A%2F%2Fwww.nikkenren.com%2Fkenchiku%2Fqp%2Fpdf%2F37%2F036.pdf

图4-2：依据表格排序标号为

ABCD

EFGH

IJKL

A E：chrome-extension://ikhdkkncnoglghljlkmcimInlhkeamad/pdf-viewer/web/viewer.htm!?file=https%3A%2F%2Fwww.taishin.metro.tokyo.lg.jp%2Fpdf%2Fproceed%2F06_02.pdf

B：建築画報社. 建築画報：Sustainable Structure.[J]. 东京：建筑画报社，2013.

C D G H K：Arnold C, Bolt B, Dreger D, et al. Designing for earthquakes: A manual for architects. FEMA 454[J]. Federal Emergency Management Agency, 2004.

F：chrome-extension://ikhdkkncnoglghljlkmcimlnlhkeamad/pdf-viewer/web/viewer.html?file=https%3A%2F%2Fwww.taishin.metro.tokyo.lg.jp%2Fpdf%2Fproceed%2F06_02.pdf

I：chrome-extension://ikhdkkncnoglghljlkmcimlnlhkeamad/pdf-viewer/web/viewer.html?file=https%3A%2F%2Fwww.taishin.metro.tokyo.lg.jp%2Fpdf%2Fproceed%2F06_02.pdf

j：chrome-extension://ikhdkkncnoglghljlkmcimlnlhkeamad/pdf-viewer/web/viewer.html?file=https%3A%2F%2Fwww.taishin.metro.tokyo.lg.jp%2Fpdf%2Fproceed%2F06_02.pdf

L：Georgescu E S, Georgescu M S, Macri Z, et al. Seismic and energy renovation: a review of the code requirements and solutions in Italy and Romania[J]. Sustainability, 2018, 10(5): 1561.

图4-7-1：Roia D, Gara F, Balducci A, et al. Dynamic tests on an existing rc school building retrofitted with "dissipative towers" [C]//Proc. of 11th Int. Conf. on Vibration Problems, Lis bon, Portugal.2013

图4-11、图4-12、图4-17B、图4-18B、图4-19～图4-21、表4-4：木村信之. 学校施設の質的改善を伴う耐震改修の現状と考え方（特集 既存校舎の耐震補強とリモデルプランの研究）[J]. スクールアメニティ，2005，20（8）：30-36.

图4-13A：https://www.slideshare.net/promitchowdhury1/group-2-structure-31-puc

B：https://images.squarespacecdn.com/content/v1/5b80d9a6b40b9d67baaa22d1/1558156229854-FP3JLHSIFKMZPOYZZU1V/20160903_165053_2.jpg?format=500w

图4-14A、表4-3A、表4-3D：Georgescu E S, Georgescu M S, Macri Z, et al. Seismic and energy renovation: a review of the code requirements and solutions in Italy and Romania[J]. Sustainability, 2018, 10(5): 1561.

图4-14B：https://www.semanticscholar.org/paper/Experimental-validation-of-seismic-retrofit-for-URM-Giaretton-lngham/9e6ddf3ba7eb9c8b8272ac51c901 bcddd0e1fb41/figure/7

图4-15A：https://www.eqcanada.com/ projects/ubc-earth-sciences-building/

B：https://www.southernsteelengineers.com/services/steel-stair-design/

图4-16、图4-17A、图4-28、表4-3C、表4-3E：Arnold C, Bolt B, Dreger D, et al. Designing for earthquakes: A manual for architects.FEMA 454[J]. Federal Emergency Management Agency, 2004.

表4-3B：https://www.ravennatoday.it/cronaca/lugo-corso-serale-diventare-tecnico-servizi-socio-sanitari.Html

参考文献

专著、译著

［1］江尻宪泰. 轻轻松松学习建筑结构［M］. 陈笛，罗林君，张准，译. 北京：中国建筑工业出版社，2018.

［2］李志民，张宗尧. 建筑设计指导丛书——中小学建筑设计［M］. 北京：中国建筑工业出版社，2009.

［3］金箱温春. 构造计划的原理与实践［M］. 东京：株式会社建筑技术，2010.

［4］大野博史. 構造設計プロセス図集［M］. 东京：オーム社，2020.

［5］文教施設企画部施設企画課防災推進室. 耐震補強早わかり地震に負けない学校施設［M］. 东京：文部科学省，2006.

［6］文教施設協会. 耐震補強工法事例集作成事業［M］. 东京：文部科学省，2007.

［7］文教施設協会. 学校施設の耐震補強に関する調査研究 報告書［M］. 东京：文部科学省，2006.

［8］郭屹民. 结构制造——日本当代建筑形态研究［M］. 上海：同济大学出版社，2016.

［9］戴维·莱瑟巴罗，莫森·莫斯塔法维. 表面建筑［M］. 史永高，译. 南京：东南大学出版社，2017.

［10］文部科学省. 学校施設の耐震補強マニュアルRC造校舎編［M］. 东京：第一法規株式会社.

［11］The seismic design handbook [M]. Springer Science and Business Media, 1989.

［12］Charleson A. Seismic design for architects [M]. Routledge, 2012.

［13］Richard Rieser. Implementing Inclusive Education- Inclusive Schools and Classrooms [M]. London: Commonwealth Press, 2012.

［14］Malcolm Summers. Dalry Primary – An Innovative Scottish Case Study [M].London: OECD Press, 2008.

学位论文

［15］李萌. 融合框架结构抗震性能提升的中小学建筑走廊复合化改造设计方法研究［D］. 东南大学，2020.

［16］朱梦然. 融合结构抗震性能提升的中小学校建筑外围护体改造设计策略研究［D］. 东南大学，2021.

［17］程俊杰. 基于构成学理论下城市中小学校教学楼垂直向空间形态研究［D］. 东南大学，2021.

［18］余翰寒. 廊的解析——对现代建筑空间理论语境中的廊的理论研究和设计实践［D］. 重庆大学，2001.

［19］翁翊暄. 廊的空间设计初探［D］. 南京：东南大学，2004.

［20］王彦杰. 解读建筑中的走廊［D］. 南京：东南大学，2004.

［21］寇苗苗. 非结构构件的抗震性能研究［D］. 天津：天津大学，2013.

［22］王旭. 城市小学校交往空间构成及设计方法［D］. 西安：西安建筑科技大学，2007.

［23］文茜茜. 走廊在小学校园建筑中的设计研究［D］. 北京：北京建筑大学，2016.

期刊论文

［24］李萌，郭屹民. 日本中小学框架结构抗震补强过程中单元立面构成的改造策略［J］. 建
筑实践，2020（5）：42-49.

［25］木村信之. 学校施設の質的改善を伴う耐震改修の現状と考え方（特集 既存校舎の耐震
補強とリモデルプランの研究）［J］. スクールアメニティ，2005，20（8）：30-36.

［26］郭屹民. 结构形态的操作：从概念到意义［J］. 建筑学报，2017（4）：12-14.

［27］郭屹民. 作为结构的建筑表层：结构与建筑一体化的设计方法［J］. 建筑学报，2019
（6）：90-98.

［28］李曙婷，李志民，周昆，张婧. 适应素质教育发展的中小学建筑空间模式研究［J］. 建
筑学报，2008（8）：76-80.

［29］罗劲，张宇和付本臣. 中小学建筑走廊复合化设计方法研究［J］. 城市建筑，2018,（34）：
100-102.

［30］曲哲，张令心. 日本钢筋混凝土结构抗震加固技术现状与发展趋势［J］. 地震工程与工
程振动，2013，33（4）：61-74.

［31］吕清芳，朱虹，张普，吴刚. 日本建筑物抗震加固新技术［J］. 施工技术，2008（10）：
9-11，31.

［32］曲哲，张令心. 日本钢筋混凝土结构抗震加固技术现状与发展趋势［J］. 地震工程与工
程振动，2013，33（4）：61-74.

［33］张鹏程，袁兴仁，林树枝，古玉霞. 翼墙在中小学校舍抗震加固中的应用[J]. 建筑结构，
2010，40(S2): 47-50.

［34］Shrestha H D, Pribadi K S, Kusumastuti D, et al. Manual on Retrofitting of Existing Vulnerable
School Buildings–Assessment to Retrofitting [J]. 2009.

［35］Basiricò T, Enea D. Seismic and energy retrofit of the historic urban fabric of Enna (Italy) [J].
Sustainability, 2018, 10 (4): 1138.

［36］Campisi T, SAELI M. Timber anti-seismic devices in historical architecture in the
Mediterranean area [J]. 2017.

［37］Pugnaletto M, Paolini C. Towards a safe school. Case studies on seismic improvement in
existing school buildings [J]. Tema: Technology, Engineering, Materials and Architecture, 2018,
4 (1): 38-50.

［38］ Formisano A, Vaiano G, Fabbrocino F. Seismic and energetic interventions on a typical South Italy residential building: Cost analysis and tax detraction [J]. Frontiers in Built Environment, 2019 (5): 12.

［39］ Bellicoso A. Italian anti-seismic legislation and building restoration[J]. International Journal for Housing Science and Its Applications, 2011, 35 (3): 137.

［40］ Bisch P, Carvalho E, Degee H, et al. Eurocode 8: seismic design of buildings worked examples [J]. Luxembourg: Publications Office of the European Union, 2012.

［41］ Georgescu E S, Georgescu M S, Macri Z, et al. Seismic and energy renovation: a review of the code requirements and solutions in Italy and Romania [J]. Sustainability, 2018, 10 (5): 1561.

［42］ Ortega J, Vasconcelos G, Pereira M. An overview of seismic strengthening techniques traditionally applied in vernacular architecture [J]. 2014.

［43］ Arnold C, Lyons J, Munger J, et al. Design Guide for Improving School Safety in Earthquakes, Floods, and High Winds. Risk Management Series. FEMA 424 [J]. Federal Emergency Management Agency, 2004.

［44］ Arnold C, Bolt B, Dreger D, et al. Designing for earthquakes: A manual for architects. FEMA 424 [J]. Federal Emergency Management Agency, 2004.

［45］ FEMA. Earthquake-Resistant Design Concepts—An Introduction to the NEHRP Recommended Seismic Provisions for New Buildings and Other Structures [J]. FEMA P-749/2009 Edition, 2010.